althurst

Bd du Dauphin

R. La Roncière

Mac Farlane

quimaux

L. Maunoir

Coppermine

G.d Lac d'Ours

L. Clut

cupine R.

arctique

R. Arveron

R. Rouge

FORT & MISSION DE BONNE ESPÉRANCE

Mackensie Fl.

C

L. la Martre

FORT PROVIDENCE (MISSION)

Stewart R.

FORT SELKIRK

Riv. des Montagnes

FORT LIARD

Riv. au

FORT HALKETT

COLOMBIE

Pte L. de

Arch. du Roi Georges

Arch. du Pr. de Galles

L. Reine Charlotte

COLOMBIE ANGLAISE

U E

Pêcherie
Monts
L. In
Sentier indien,
Kotcha-tpié
Mt Tpou-jyoue
Mt Kokkwa-jyoue
Montagne Chié-kolla
Kodlen-chiw
Nounfwè-djighé
L. Tawou-kpay
L. Intaa tpié
L. Sa-mi-t
Mt Chié-kolla
L. Tchen-djéri-tpié
Ttsou-kkwèni
L. Ktwè-kkpa
Kounkfwa
Sentier
R. Tson-tpié
Lac Tson-tpié
R. et L.
ata-ti-tpié
L. Tsié-tpié
indien
L. Kkpi-tpié

chô-kka

L. Ligne de faîte

Fort Entreprise

L. Winter

Kléri - tpié

dé Manlay

L. Khami - tpié

L. Khami - tpié

L. Sa-tpié

L. des Rennes

L. des Carpes

L. Kon-kka-tpié

Riv. des Couteaux - Jaunes

de

Wéïra

L. Tpèmi-da-tpié

L. Ottiné - Dessé

L. Tpèmi - da - tpié

M. Él'é-idlin

1864

L. Kfwè-kkça

éyé-zatla

L. Ouldayé

ou Tpatson

BAIE

Fort Raë

Riv.

L. Prospère

on

ier indien

Baie M'Le

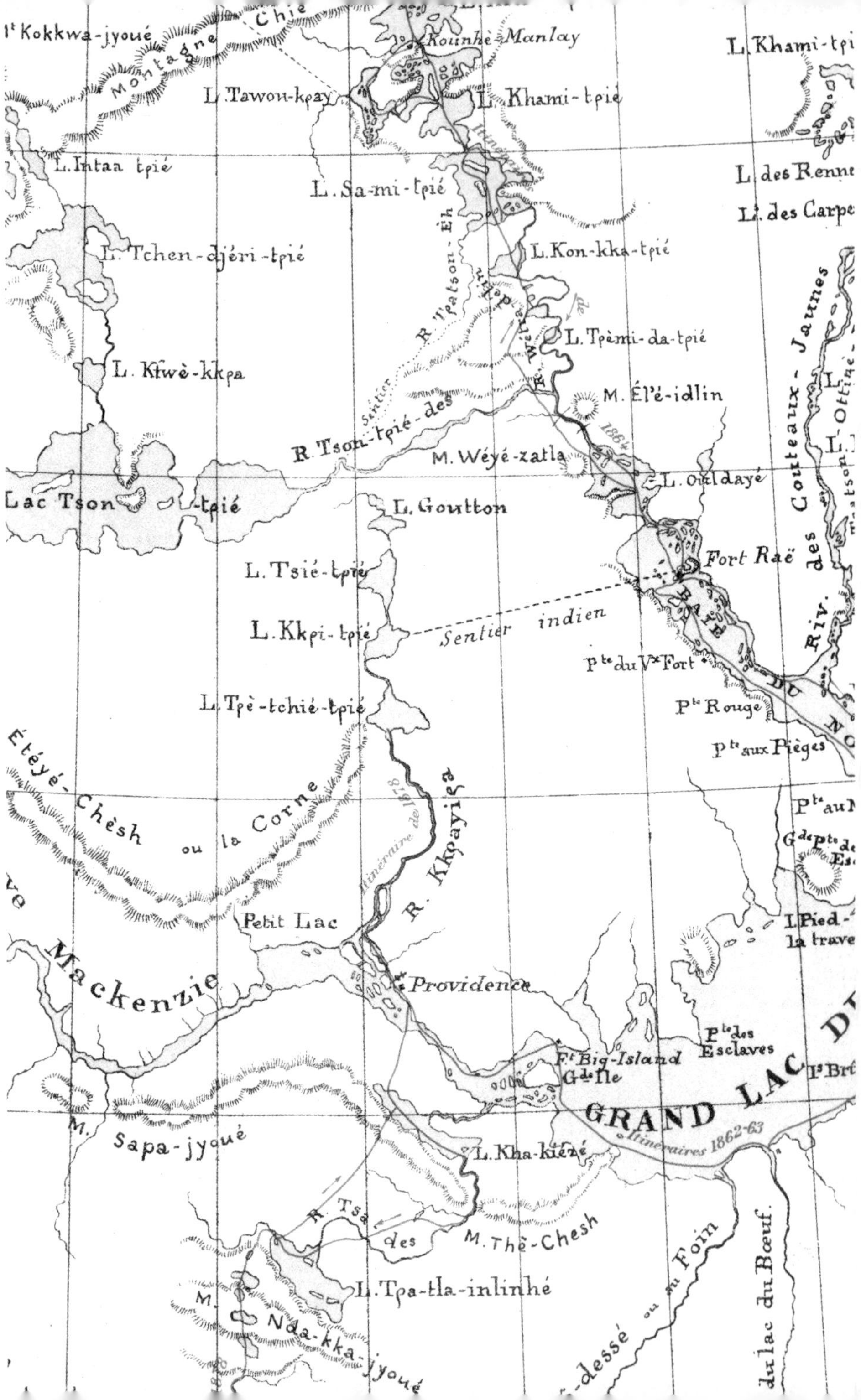

Mt Kokkwa-jyoué
Montagne Chie
Kounhè Manlay
L. Tawon-kpay
L. Khami-tpié
L. Khami-tpié
L. Intaa tpié
L. Sa-mi-tpié
L. des Renne
L. des Carpe
L. Tchen-djéri-tpié
L. Kon-kka-tpié
R. Tpatson-Èh
R. Wètra
L. Tpèmi-da-tpié
Coteaux-Jaunes
L. Kfwè-kkpa
M. Él'é-idlin
R. Tson-tpié-des
Sentier
1864
M. Wéyé-zatla
L. Ouldayé
Lac Tson -tpié
L. Goutton
Riv. des
Fort Raë
L. Tsié-tpié
L. Kkpi-tpié
Sentier indien
BAIE DU NO
Pte du Vx Fort
L. Tpè-tchié-tpié
Pte Rouge
Pte aux Pièges
Étéyé-Chèsh ou la Corne
R. Kkpayjiça
Itinéraire de 1878
Pte au N
Petit Lac
I. Pied-la trave
Mackenzie
Providence
Pte des Esclaves
Ft Big-Island
Gde Île
GRAND LAC D
M. Sapa-jyoué
Itinéraires 1862-63
L. Kha-kiézé
R. Tsa des
M. Thè-Chesh
L. Tpa-tla-inlinhé
M. Nda-kka-jyoué
-dessé ou du Foin
du lac du Bœuf

La folie arctique

# 北极的疯狂
## ——人类学的一个幻想

Pierre Déléage

[法] 皮埃尔·德里亚奇 著

高 松 译

刘 琪 校

上海人民出版社

# 目　录

插图目录　……1

第一章　受迫害躁狂症：一个原住民中的传教士　……1

第二章　释义性谵妄：北极的以色列人　……57

第三章　预言的狂热：对末日的期盼　……109

参考文献　……181

插图目录

图1 埃米尔·佩蒂托神父36岁时。照片摄于1874年，可能是在加拿大的蒙特利尔，并在他于1875年在法国加入地理学会时使用。照片由加拿大黎塞留的德沙特莱档案馆提供。

图2 北美西北部的阿萨巴斯坎-麦肯齐地区。数据来自埃米尔·佩蒂托在《里昂地理学会公报》(Bulletin de la société de géographie de Lyon，3，1879)里的叙述。© Zones sensibles

图3 埃米尔·佩蒂托穿着哥威迅人的衣服，于加拿大蒙特利尔的L. E. 德斯马莱斯 (L. E. Desmarais)摄影工作室留影，未注明日期 (1874年?)。照片由加拿大黎塞留的德沙莱档案馆提供。

图4 1862年至1873年，埃米尔·佩蒂托在哥威迅人和北

部德内人地区远游的地图细节。根据朱尔斯·安德烈·阿瑟·汉森（Jules André Arthur Hansen）在《地理学会公报》（Bulletin de la société de Géographie，10，1875）里的叙述。© Zones sensibles

图 5　埃米尔·佩蒂托穿着德内人的衣服在加拿大蒙特利尔 L. E. 德斯马莱斯的摄影工作室，无日期（1874 年?）。照片由加拿大黎塞留的德沙特莱档案馆提供。

图 6　1862 年至 1873 年埃米尔·佩蒂托考察因纽特人的示意图，根据朱尔斯·安德烈·阿瑟·汉森（Jules André Arthur Hansen）在《地理学会公报》里的叙述。© Zones sensibles

图 1　埃米尔·佩蒂托神父 36 岁时。照片摄于 1874 年，可能是在加拿大
的蒙特利尔，并在他于 1875 年在法国加入地理学会时使用。照片由加拿
大黎塞留的德沙特莱档案馆提供。

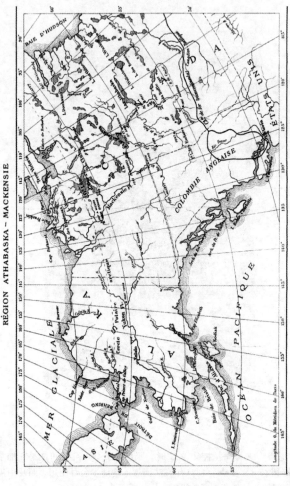

图 2 北美西北部的阿萨巴斯坎–麦肯齐地区。数据来自埃米尔·佩蒂托在《里昂地理学会公报》
（Bulletin de la société de géographie de Lyon, 3, 1879）里的叙述。© Zones sensibles

# 第一章

# 受迫害躁狂症：一个原住民中的传教士

一列从伊利湖到大西部的火车正驶入敦刻尔克（Dunkirk），这是纽约城最西部的一个小镇，其火车站离伊利湖岸不过一箭之遥。夜幕在数小时前降临，闪电在地平线上霹雳发作。灯火昏黄处，一位38岁的秃顶男人悄然独坐，身旁放着一顶礼帽，注意力游弋于暴风雨的景象和膝盖上的书本之间。在他文雅的金眼镜框上，有一句巴黎雕刻家的铭文，是他女神的名字："瓦蒂梅斯尼尔侯爵夫人（Marquise de Vatimesnil）"，这位女士于二十年后死去，那是一场在1897年巴黎慈善会上的火灾，有一人被火焰吞噬。[1]火车徐徐进站，男子将他的书放在帽子边上，看向窗外月台上熙攘的人群。

傍晚八点，一个富裕的工匠家庭进入火车车厢，在我附近的位置坐了下来，这让我显得有些突兀。我伸展四肢躺在了天鹅绒的座椅上，一条腿在这里，另一条则在那边。我抽着雪茄，摆出各种姿势，尽量让自己看起来像个美国人。[2]

　　横跨大西洋后，这位有些轻浮的旅行者刚在纽约的亲戚家休养了数日，现在正在从纽约出发的路上。在故乡法国游览近两年后，这是他再次来到北美地区。现在，他正消遣这段重返故居的旅途，他知道如何品味火车上的长途旅行，如半打瞌睡半读书，偶然经历意外之事。

　　这个家庭中一个大约十八岁的女孩径直来到我的地方，坐在我面前的座位上。出于尊重，我立即摆出了一个不那么轻浮的姿势，并把我的雪茄扔出窗外。

　　火车向前行进，空气和烟雾扑向了女孩漂亮面容，她问我是否愿意交换位置，我欣然答应。为了表示感谢，她立即和我进行了轻松而简单的交谈，同时将我从头到脚打量了一遍。[3]

尽管有些不太自在，而且这种行为在法国也并不得体，但这个男人已经习惯了她的举止。虽说车上的工作占据了他大部分的精力，让他很少再有时间去研究这个年轻美国人的心理，但他在欧洲大陆的十二年，已经让他充分了解了这个国家的传统，他喜欢称之为"在性魅力上有着惊人的自我陶醉"。他觉得应该给他的邻座一些自己带来的枣子、橙子和巧克力，然后在油灯的昏暗灯光下聊几句，最后再看会儿书。

一刻钟后，她起身转向坐在她后排的母亲，她以一种轻柔的声音说道："妈妈，他是一个绅士，他好优雅。"（这显得非常谄媚）"他肯定很有钱——他有一顶礼帽，怀表上还有根大金链子，简直了！"

这样说是为了让我能够听到吧，以便她不用对我直接表白。[4]

尽管他的语气波澜不惊，惊奇大于惊吓，但这位旅行者内心也逐渐不安。他仔细打量着她的面庞，在脑海中勾勒出一幅传统的肖像画，这种肖像画是过时的学院派风格，通常描绘着春天的到来。她好几次与他缄默执着的目光相对，然后凝视着他，这让他不得不立即移开视线。这些无声的交流分散了旅行者的阅读精力，琢磨了一下，他意识到这种荒唐的情况中，有一个细节让他感到沮丧——这一定难逃钟表匠儿子的法眼：这个天真女子对表链的价值一无所知，其实他只在不起眼的泊松尼埃大道（Boulevard Poissonnière）[1] 花了十法郎。

很快，这位敏感的美国人又坐了下来，再次开启了谈话模式。请注意，她是认真地将我当成了她的同胞。

"你要去哪儿？"她问我。

"去明尼苏达州的圣保罗。"我回她。

---

"那是不是很远？"

"不是很远，你不了解你的国家吗？"

"我没有受过什么教育，只是一个普普通通的爱尔兰女孩。"

"天主教徒？"

"噢，我的天呐，不是！我是卫理公会教徒（Methodist）[1]，出生在美国。"

"行吧。"

"我应该告诉你，我不关心任何教义，你懂吗？但是请你告诉我。"她继续说："圣保罗究竟在哪呢？比桑达斯基（Sandusky）[2] 还远吗？"

"桑达斯基？谁又知道它在哪里？！"

她惊得花容失色，反驳着说："桑达斯基，那里是我家！""看来你不知道桑达斯基吗？"

"真不知道……我发誓这是我第一次听到桑达斯基。"

---

[1]　是基督教新教主要宗派之一，现传布于英国、美国等世界各地。
[2]　桑达斯基位于美国俄亥俄州北部的伊利湖畔，是伊利县的县治。

"行，那你一定得认识一下桑达斯基。你得跟着我们，一定会来的，是吧?"⁵

女孩双手紧握，透露出一种祈求的语气。男人惊呆了，只想让自己冷静下来。他困惑于她孩童般的直率、无拘无束的姿态、漫不经心的无神论，以及认为自己是世界中心的盲目自信。

我苦笑着不回答她，只是摇着头。

我不想让这个可爱少女注意到我的情绪好转，所以我只想保持沉默。

倒是她感到了迷惑，她的嘴可爱地撅了起来。但我只是假装看向夜色中的乡村，月明星稀。我能看到她正在琢磨我的面庞，并且想要读出点什么东西。

然而，当我们靠近克利夫兰（Cleveland）[1] 的时

---

[1] 克利夫兰市，是美国俄亥俄州第二大城市，凯霍加县的县治所在，位于伊利湖南岸。

候……她娇小而天真的脑袋明白，如果她想成功，就必须抓紧时间。

"你要在克利夫兰下车吗？"她问道。

"不下。"

"但是我们必须在这里下车，然后换乘去桑达斯基。你其实可以了解一下桑达斯基，相信会是一桩美事！"

"非常不好意思，女士，我不能去。"

"嗯？你有一张三个月的自由旅行票，你可以在你喜欢的任何地方下车。不要辩解，刚刚验票的时候我都看在眼里。"

"的确如此，但我只想在我的目的地下车。"

"在你的目的地？好，那你是做什么的？官员吗？"

"不是，我是一名天主教神父。"我回应她，如同投下一枚炸弹结束了这作呕的戏剧场面。[6]

1876年4月12日，埃米尔·福图内·斯坦尼斯拉斯·约瑟夫·佩蒂托（Émile Fortuné Stanislas Joseph Petitot），这位一

度迷失在火车上的乘客，开始了他重返"好望圣母院"（Our Lady of Good Hope Mission）的旅途。布道团在北极圈下方，一起重返的还有他的胡须与教袍。短暂邂逅的那名女子在得知他是一名普通神父后，立即回到家人的位置。这给他的情感和想象力上留下了深刻的印象，以至于十年后，他能够在《传教士回忆录》[7]的第一卷中详细叙述这段经历。这段短暂的插曲中，他被误认为是一个美国人、绅士和黄金单身汉。在这场敦刻尔克和克利夫兰之间的邂逅中，尽管他只是一名神父，但是他让自己变得魅力十足，并乐在其中。他无心反思自己复杂的欲望，而是趁机幻想着一种类似的生活。

☆

开门见山，让我简短地回顾一下埃米尔·佩蒂托的早期生活。他出生于 1838 年，成长于马赛（Marseilles）。因为他的父亲是一位常换工作的钟表匠，所以一家人频繁搬家。他在圣-萨沃宁街（Rue Saint-Savournin）的一所天主教学校上学，这所学校里的年轻人"其地位介于贵族和下层阶级之间，多进入行政、艺术、商业、金融、工业和富裕的职业工作"。[8]他曾痴迷于北极探险的书，最为喜爱的是《信仰传播年鉴》[1]，这本期刊每月两次刊登殉道者的荣光和苦难，他们多次冒险去到基督教世界的前沿。十七岁，他的父亲去世，他渐渐发现自己的使命是成为一名传教士。后来，他成为了一名无玷圣母献主会（Missionary Oblates of Mary Immaculate）[2]的见习传教士。在 1862 年至 1874 年，他成为神父并登上了驶往加拿大的"挪威号"，在加拿大工作了十二年。他大部分时间都在位于马更些河畔的好望堡（Fort Good Hope）[3]传教所周围度过，该河的源头在大奴湖，流入北冰洋。那段时光，他成功化身为制图学家、语言学家、民族学家以及民俗学者。他曾返回法国巴黎待了两年，在那里他受到了拥护教皇至上（ultramontane）[4]的资产阶级和贵族们的热情款待。1876 年至 1882 年，他再次回到极北地区（Far North）[5]的布道团，并度过六年，直到他被关在蒙特利尔（Montreal）的

[1] 《信仰传播年鉴》(Annales de la propagation de la foi) 是一本 19 世纪的法国天主教杂志。该杂志定期收集和出版来自传教士的信件。
[2] 无玷圣母献主会为天主教修道会，于 1816 年成立于法国。
[3] 位于加拿大西北部的萨赫图（Sahtu）地区，濒临马更些河的东岸，于 19 世纪初作为西北公司毛皮贸易前哨站建立。
[4] 在罗马天主教中，这种思潮强调教皇权威和教会的集中化。
[5] 指加拿大最北端的广阔地区。

一所"精神病院"里。在十三个月的禁闭之后，他被遣返回大西洋彼岸，并且被解除了教会的职务。他在马瑞尔-莱莫（Mareuil-lès-Meaux）[1]教区过着怀旧而痛苦的孤独生活，写下了七卷回忆录和其他一些作品，最后在 1916 年去世。[9]

在好望堡的布道团中，冬季总是一片昏黑，一月的气温也从未超过二十二华氏摄氏度。埃米尔·佩蒂托成为被法国人称为野兔皮（Peaux-de-Lièvre）的土著人（英文又称为Hareskins[2]）的传教士，同时他的搭档让·塞甘（Jean Séguin）也投身于名叫卢舍人（Loucheux）或者丁杰人（Dindjié，英文又称作 Kutchin[3]）[10]的传教事业。这些土著人（First nations）[4]属于广泛的德内（Dené）[5]语族（属于北阿萨巴斯

---

[1] 马瑞尔-莱莫是法国法兰西岛大区塞纳-马恩省的一个市镇。
[2] 下文中将统一称为哈雷斯基人。
[3] 下文中将统一称为哥威迅人。
[4] 加拿大承认了三大原住族群：第一民族（First Nations，曾称为"印第安人"）；因纽特人（Inuit）是加拿大的第一个原住民族群；梅蒂斯人（Métis）则是法裔加拿大人与原住民的混血，在加拿大开拓殖民地后产生。此处的土著人指的是"First Nations"，其主要用于识别既不是因纽特人也不是梅蒂斯人的加拿大原住民。
[5] 德内人（Dené）是分布于加拿大北极和寒带区域的原住民，德内人的语言属于阿萨巴斯卡语系，"Dené"乃本语系中"人"的常用词。

卡语系），并且是因纽特人的南方邻居。在埃米尔·佩蒂托传教期间，这些土著人是游走的狩猎者，他们的生活由四季的轮转所支配。冬天，他们三五成群地分散着，夏天，他们会为了大型猎物和集体仪式而聚集。自从十八世纪末至十九世纪初，他们的传统生活方式逐渐适应了由哈德逊湾公司（Hudson's Bay）[1] 管辖的常驻贸易站的存在。冬夏的狩猎之后，他们开始习惯每年在那里停留两次，每次持续几个星期。他们用兽皮换取西方商品，如枪支、金属容器、烟草、面粉、衣服和酒，并以整体而言不利于他们的固定费率收取费用。他们中的一些人住在好望堡，并且有时还常到访好望圣母院，让·塞甘和埃米尔·佩蒂托在那里等待着他们，渴望着拯救这些异教徒的灵魂，并且总是乐于通过交换得到一些新的供给品。

☆

埃米尔·佩蒂托第一次见到德内人，就难以抑制住对他

---

[1] 哈德逊湾公司于 1670 年成立，是北美最早成立的商业股份公司，长期控制着英属北美地区绝大部分的皮草贸易，与许多当地土著部落建立了合作关系。

们的厌恶之情。凭借多年来对冒险小说和传道手册的阅读，他本以为建立了对当地北美洲人——在当时一般被称为印第安人的准确认识，并且了解了土著人的风俗、技能、外貌以及生活方式，然而接触之后，这些期望全部破灭：

> 一群穿着毛皮且臭味熏天的人在青蛙湾（Frog Portage）[1]驻下。仅是第一眼，我就被他们异样的外表特征震惊了。他们的头狭小，呈圆锥形。他们翘起的下巴如此突兀，以至于看起来那么可笑，就像是一只狐狸或黄鼠狼。但是他们的举止是严谨、内敛、诚实和阴郁的。他们的眼睛非常接近他们的鼻梁，鼻梁很大，还是鹰钩鼻，表露出一种笼罩着他们的焦虑。他们的嘴显得柔软与自然，不高声尖叫，却也不健谈，看不出丝毫的热情。他们像在游行一样排成一列，默默地脱下帽子，带着虔诚或是一抹严肃的微笑，把手

---

[1] 是加拿大东部到马更些河流域的航线上最重要的运输点之一，据说这个名字来源于克里人（Cree）嘲笑齐佩瓦人（Chippewa）无法制作河狸皮，而制作出干蛙皮的故事。

在衣服上擦拭后淡然地交给你。或许有人因此会认为他们是僧侣。[11]

如果德内人的外表让佩蒂托起初就感到不可抗拒的恶心，那么随着时间推移，他逐渐了解他们的风俗习惯后则更感到不适：

当我准备休息的时候，我总是被许多耐心的见证人（witnesses）[1]包围着，他们在清空了我的炊锅和舔干了我的盘子后，开始了观看仪式，就像路易十四的朝臣在他午睡时所做的那样。[2]

一旦他们要离开，就会用一个手势解散，黑暗也开始蔓延。我听到屋外有神秘的窃窃私语，看到三四个女孩的头，她们正在偷笑，肆无忌惮地看着我。[12]

---

[1] 指代公开表明虔诚的基督教信仰，或发表这种声明的人，这里应该指代的是来布道团的德内人。
[2] 路易十四在位期间为了加强王权，削弱地方贵族势力，于是将贵族聚集到了凡尔赛宫，贵族们需要付费观看他睡觉、吃饭以及洗澡。

一切毫无隐私可言，即便在神父的房间也是如此。作为一个临时的忏悔室，这个房间年限已久，却还要一直用到教堂建成。这些年轻女子以暗中监视的方式参与进来，并不仅仅是出于好奇，还是出于一种对这个二十五岁单身汉的情欲，毕竟这个单身汉身材匀称、穿着得体，还得到哈德逊湾公司白人（又被叫做"中产阶级"）的尊敬——对这些女子来说，哈德逊湾公司充满了异国情调，还有大量的货物库存。神父依然年轻的脸庞棱角分明，周围是白皙的细发，高高地盘在额头上。他的胡须既茂盛又飘逸，让人看到他略有曲线、瘦而健美的脖子，其上是黑色天鹅绒上衣的扣式衣领，上面的基督像在一个特大号的十字架上快意地摆动着。他口若悬河，只需在嘴角间伸展开来，就带有一种悠扬的口音。他淡蓝色的眼睛使得声线更有分寸感，一副戴着椭圆形镜片的眼镜更加突出了这种形象，他这副眼镜从不离身，对他来说就像念珠[1]一样重要。他很容易感到寒冷，即

―――――――――

[1]　罗马天主教徒用来计算祈祷数的一串珠子。

使是在睡觉的时候，他也很少有脱下手套或教袍的习惯。在雪鞋健行（Snowshoeing expedition）[1]期间，他用兽皮制成的裤子和大衣遮盖，再加上毛皮手套、鞋子和帽子来制成他的装备。

可以想象，对我的各种观察引发了奇妙的思考。我发现自己被在场的所有妇女和女孩当成了阿多尼斯（Adonis）或安提努斯（Antinous）[2]，她们毫不犹豫地大声说了出来。[13]

天主教神父在成为希腊男神之后，通过其模棱两可的行为滋长了女性对他的普遍情欲。

毫无疑问，我一直为妇女和女孩们提供了许多机

---

[1] 一种冰雪运动，指穿上特制的雪鞋在满布积雪的雪山上徒步。
[2] 阿多尼斯与安提诺斯都长得十分俊美。阿多尼斯因而与女神阿佛洛狄特（Aphrodite）相爱，但被嫉妒的战神阿瑞斯（Ares）杀死；安提诺斯则是罗马帝国哈德良皇帝的男宠。

会，让她们相信我在追求她们。我善意地和她们说话，对她们微笑，和她们直率地开几句玩笑，就像我对男人做的那样，特别是当她们发现我在吃饭时，我还会给她们吃的。"在红种人中"，一位我忘记名字的英国旅行者说："众所周知，你看着一个女人，对她微笑，给她一点吃的，特别是烟草更会被认为是一种直接示好，无需进一步解释什么。"的确如此，大家互换笑容，并接受几口食物，就会被视为默许的爱意证明。但这就是我不太理解的地方。当她们最终发现我毫无邪念之时，男人们会带着一种笑意告诉我，在我不知道的情况下，我曾经被视为他们妻女的威胁。他们告诉我："你甚至没有意识到你是一个登徒子。"他们就这样对我说。[14]

这个登徒子的率性想法很快荡然无存，然而，当地女人所取得的进展却远超那位仅有一面之缘的美国女孩。

好几次了，一个二十岁的漂亮女子来到我的卧室，一副柔弱的样子，她一边叹气，一边盯着我。

"怎么了，瓦特潘察兹（Watpantsaze），你看起来似乎很痛苦，我的孩子。"

"你的孩子？你分明和我一样大！你难道没看到我在为你受苦？你想让我在树林里等你吗？"

这个女子直言不讳。[15]

尽管他对这些困惑进行了充满趣味的描写，但人们可能会想，当他多年后作为香槟省东布利区的一名普通神父发表这篇回忆录时，对这位倦怠的五十岁老人意味着什么？他未老先衰、苦不堪言，沉浸在对遥远土地的回忆之中无法自拔，只记得那些诱惑、误解和虚荣。尽管他含糊其辞地摆出了一个浪荡的神父形象，但无论是美国少女还是原住民女子，对埃米尔·佩蒂托来说都不是真正的诱惑。相反，她们带来的只是厌恶而已。在给上级的一封信中，他以特别的语言承认，"看到漂亮的女人"对他来说"就像看到白蜡树或竹子一样"。[16] 既非狐狸，也不是貂，女人对他来说属于植物界——这位年轻的神父对女性不感兴趣。

☆

尽管埃米尔·佩蒂托表示了对女人的厌恶，但是单身生活仍对他有着很大影响，因为他难以对年轻男子无动于衷。他喜欢用土著人或梅蒂斯人的题材作画，在他的回忆录中，他饶有兴致地描述了一位名叫德赞尤（Dzanyu）的青年的情色肖像：

> 他是个英俊的德内人，族人们相貌平平，他就是其中的阿多尼斯。他有一双慧眼，乌黑而柔情。长长的睫毛低垂，浓密的眉毛高耸，笔直的鼻子在脸庞中间舒展，嘴唇倨傲地呈出一抹弧线，前额高展但又秀小。然而，这惹人喜爱的相貌有时也显露出奇怪的阴谋。他的目光，通常充满快意和友善，但也会显得诡谲多变。他的脖子向前伸展，暗示着某种令人憎恶的东西，他小小的太阳穴还在固执中青筋暴起。在那些时刻，我不知道是什么魔鬼潜入这个天使般的印第安人体内。我认为，他的身心都是极北地区丹尼特人

（Danite）[1]青年的极佳典范。[17]

但是，这些德内青年只是短暂地经过好望圣母院。他们会突然出现，就像从哪里冒出来一样，面带着微笑，议论纷纷，然后忽然消失在眼前。德内青年人会离开教堂去远行，他们被一个徒步旅行队所吸引，还发现了一个中意的女子；又或是他们渴望去偏远地区探索，证明他们的狩猎技能。无论如何，埃米尔·佩蒂托都为这些离开感到痛苦：

> 我无法适应这些频繁的分离，以及让这些游猎者如此快乐的旅行。对他们来说，回去住露天的地方，把乏味的壁炉角和地板换成麋鹿皮小屋，用绿色的树枝铺满冰冻的地表，住所中央还有一大团熊熊燃烧的松木火，这是多么令人高兴的事情。他们随着驯鹿迁徙，并通过捕杀它们来讨取生活。如果他们愿意，每天能吃八顿、

---

[1] 指代以色列十二个部落之一的丹部落成员。此处佩蒂托使用"Danite"，与他在下文中认为德内人是丹部落的后裔有关。

十顿，甚至二十顿食物。他们会砍下一片树林来烧火取暖，享受着这种毫无外界干涉的绝对自由。[18]

这位传教士对德内青年感同身受，常常对他们若有所思，幻想着在远离教规的地方培养男性友谊。尽管如此，他还是被要求留在离哈德逊湾公司几公里远的传教所。传教所有四间木屋，顶部是山墙屋檐，烟囱不断地吐露烟尘。小木屋围绕着一座教堂，埃米尔·佩蒂托通过装修这座教堂来分散自己的注意力。教堂的钟楼正对着河流，土著人和梅蒂斯人的船只在这里来来往往，与他们迎面的是一个巨型的木制十字架。埃米尔·佩蒂托和他的同伴让·塞甘住在这里，让·塞甘来自奥弗涅（Auvergne）[1]，大他五岁。塞甘性情较为粗鲁，深居简出，对土著人的语言不感兴趣，对他们的习俗也不好奇（这就是修道士[2]的典型态度）。在几位雇员的帮助下，帕特里克·科尔尼（Patrick Kearney），这位爱尔兰圣公会教士负责两位神父的舒适生活和生命安全——只要他

---

[1] 奥弗涅是位于法国中部的一个大区。
[2] 在基督教中，修道士（Oblate）指代专门为上帝献身或为上帝服务的人。

们愿意待在教会的园子里，并且保证这块贫瘠的土地有一定的产量。四周都是森林，狭小的传教所与极北地区广阔无垠的土地形成了鲜明的对比，除了土著人的土地外，这里的大部分土地都属荒芜，未被开发。

在自由漂泊的生活期许下，他们高兴地离开了。我能听到他们在森林拱顶下的笑声，伴随着唤起他们沉睡的飘扬歌曲。欢快的音符俘获了我的心，这并不是对他们共享驯鹿和候鸟时的艳美或嫉妒，而是出于一种我无法自我牺牲的挫败，我甘愿接受了一个修道士和单身汉的无助命运。他们意识到我在远处跟着他们，这抚慰了我作为一个无妻男人的心灵，一个无子父亲的灵魂。在向他们的叛逆天性表示敬意之后，我通过这种深层释怀终于恢复了平静，于是我独自返回到家里，继续完成我的日常工作。[19]

他在极圈附近待了很多年，孤身神父的身份让他饱受折磨，他认为种种桎梏糟糕至极，并将其描述为"教会的创伤"。"九世纪才采取的戒律清规，无疑是由那个世纪的混乱与滥用所决定的，在另一个世纪就可以出于公众启蒙而完全废除，罗马教廷的一句话就足以做到。"[20] 佩蒂托发现几乎不太可能去遵循教会强制的定居模式，只要他找到机会，就会随便编个理由去追随土著人，和他们一起穿越冻土、森林和苔原，而这通常违背了上级不断重申的命令。由于长期的不满，他一到目的地就考虑离开，幻想自己是"一个年轻的传教士，梦想着遥远艰险的远行和地理上的发现，以及让印第安人皈依基督教"[21]。但是，他无法拒绝在狩猎小屋中共享床铺的乐趣，有时在持续数周的远足中，大家每晚都在那里栖身，他也无法抵御从德内美男子身上感受到的诱惑。特别是英俊的德赞尤，埃米尔·佩蒂托用最为庄严的天主教仪式为他洗礼，以阿波罗（Apollo）和泽法尔（Zephyr）争相喜爱的美丽异教青年的名字"亚森特"（Hyacinthe）[1]为他命名。

---

[1] 在希腊神话中，亚森特（Hyacinthe）是一位拥有非凡美貌的斯巴达王子，也是太阳神阿波罗的情人，同时还受西风之神泽法尔的喜爱。

抵达极北地区的两年后，埃米尔·佩蒂托向他的主教忏悔，他的意志如此薄弱，灵魂亦缺乏力量，这使他无法对诱惑保持定力。"我对自己的不满之处就在于，我有一颗过于慈爱的心。无论我对于女性感到多么厌恶，我都难以保持对戒律的服从，我在此承认我的错误。"[22] 主教亨利·弗洛依德（Henri Faraud）是一个出生于法国的吉恭达斯地区（Gigondas）的修道士，他的姊姊在大革命期间被处死。比起他的智慧，同事更多赞扬他的体魄。他觉得埃米尔·佩蒂托充满了才华与热忱，但是也显得自负和任性。他被一种热情奔放的性格冲昏着头脑，不情愿地服从着上级的命令，并且经常违反。这个年轻的神父并没有主动承认他陷入了"可耻的、非常严重的不道德行为"。只是公众谣言强加了这些行为，这些谣言无止无休地议论着他的"心上人"，他的"爱人"，或者干脆是他的"孩子"，如让·塞甘称之为的"迷人而邪恶的亚森特"，其认为没有理由对同性恋关系进行保密。[23]

　　这位"自甘堕落的野蛮人"通过公开神父的罪行，使埃米尔·佩蒂托处于一个举步维艰的位置。[24] 他的天主教上级对他的行为睁一只眼闭一只眼，因为他们意识到这个传教士"以令人惊讶的方式学习土著语言"的价值。[25] 德内人认为他的行为倾向只是一种有趣的怪癖，相比神父的一辈子孤身的誓言也并不显得奇怪，他们只认为神父是一个有点古怪的萨满（shaman）[1]。但埃米尔·佩蒂托觉得自己不过是"一个邪恶的神父、可耻的神职人员、粗鄙的传教士"。[26] 他惊讶于德内人对同性恋表现出的单纯与宽容，他不再像以前那样知道如何"为上帝牺牲一种特殊的友谊"，因为他觉得自己已经心猿意马。[27] 他觉得自己在"和青年男子的罪恶关系中"越陷越深，这样的事此起彼伏，自我已经无法抵制这种反复出现的诱惑。[28] 忏悔之外，他索性以一种其主教曾形容为"可怕"的坦率，向所有传教士同伴讲述了他的"特殊友谊"，以至于主教认为：他呻吟，他哭泣，但他的激情却比他的意志更为坚强。[29]

这种折磨将与我相伴至死。在我的心里，有一个

---

[1] 萨满是萨满教的实践者，其能够通过改变意识状态（如恍惚状态）进入精神世界，由此抚慰或取悦神灵，以达到治疗、占卜等目的。

任何事物都无法治愈的伤口，它正在毁掉我。有时我甚至觉得我对上帝的信任开始动摇了。我试图摆脱这种不虔诚的思想，但是福音书的有些话是如此强烈，让我非常恐惧。[30]

在那些充满爱情的欢愉瞬间，埃米尔·佩蒂托忘却了所有的禁忌。好几次，他以见证"野蛮人的想法"以及"他们在基督教知识上的进步"为借口，翻译了他年轻情人的来信，并把它们寄送到了天主教报纸上发表。"我的爸爸，虽然我没有见到你，但是我想象着能牵你的手。当你看见这封信的时候，你也会这么想吧。当你看见我写的这些东西时，请马上为我祈祷，在这特别的一天。如此，我就能活下来。谢谢你，如果我再次见到你，我将会非常高兴。这是因为我爱你，所以我这样说话。如果你还记得亚森特，请给我写信。"[31] 佩蒂托作为神父，他的身份早已名不副实：他的行为与他负责向原住民传教的职责互相抵牾。

我无法保持着良知的同时，还承受着我良心呼唤所带来的压力。我强烈地意识到，这种虚伪的行为让野蛮人感到反感。在一次旅行中，我在他们面前卑躬屈膝，他们哄然大笑。我承认并谴责自己的行为可能是鲁莽的，他们可能认为我在忏悔之后显得更加可耻，他们的讽刺只会有增无减。我应该怎么办呢？[32]

埃米尔·佩蒂托充满了一种强烈的罪恶感，尽管他反复地忏悔，但每每见到亚森特他又将这些置之度外，亚森特无法理解这种关系的伤害。（"在这个有着温和、善良性格以及玩世不恭的部落里"——用埃米尔·佩蒂托的话说，就是意味着同性恋——"这不是一种恶习，没有人会对自己的堕落而感到羞耻，我相信所有人都是这样。"）[33] 只要亚森特一离开，这位传教士就会充满懊悔，想到来自地狱的折磨，尤其是他怀疑所有人——天主教神父、要塞里的新教徒，以及当地的土著人——都在嘲笑、侮辱和诋毁他。

他情不自禁地揣测，人们对他说的每一句话背后，都隐藏着讽刺、挖苦和嫉妒。

虽然从表面上看，野蛮人向我祈祷并表示尊重，但在这以后，我就是一系列侮辱和低俗笑话的对象，他们从不对我隐瞒，还以为我不知道他们在说什么。[34]

如果我们认可他同事的意见，这些嘲笑就很可能是臆想出来的，他们一方面认为，他的秘密得到了很好的保护（好望堡的新教徒不大相信那些流言蜚语，感叹道："印第安人就是这样的骗子！"），另一方面，土著人则默默容忍着传教士的不当行为与自我矛盾。[35] 面对无法抵制的肉体诱惑和无处不在的嘲讽，埃米尔·佩蒂托开始寻找自我救赎的方法。

他首先考虑撤到加尔都西会（Carthusian）[1]修道院，这是戒律最为严格的宗教组织之一，在那里将会有永久的隐居和绝对的宁静。类似的是，他有时还想加入严规熙笃隐修会（Trappists）[2]。[36] 但这或许只是他的一种修辞策略，目的是以

---

[1] 加尔都西会11世纪创建于法国的格勒诺布尔地区，该教会是一个封闭的天主教教会，很少与外界接触，也不派遣任何传教士。
[2] 严规熙笃隐修会于17世纪创建于法国诺曼底地区，是一个隐世的天主教修道会，旨在追求更加俭朴的生活方式。

自认为是上帝和众人眼中为自己恢复名誉的最可靠方式，让上级允许他成为异教徒因纽特人的殉道者。[37]

☆

在十九世纪后半叶，因纽特人仍然未接纳基督教传教士。并且在与邻居德内人公开、持续的冲突中，对之后的天主教或圣公会（Anglican）[1]表现出明显的不信任。埃米尔·佩蒂托曾多次展开对因纽特人的探险，但所有的探险都以难忘的失败告终，要么是他无法抵达因纽特人的领土，要么就是他一到达就被驱逐。他写了一整本关于"爱斯基摩人"的书，其中他专断地叙述了各种各样的主题，就像是他一直生活在爱斯基摩人中一样。尽管在事实上，他只有过一些片面的接触，最常见的是在河边的旅行中与他们相遇。[38]他用曾读过的坊间书籍的忆想，来弥补他个人经验的不足。

对他来说，奇格利特–因纽特人（Chiglit Inuit）[2]代表了

---

[1] 16世纪从罗马教廷及天主教会独立，是基督教的宗派及教会之一，也是英格兰的国家教会。

[2] 此处的"Chiglit Inuit"即因纽瓦鲁特人（Inuvialuit），该族群主要分布于加拿大西部的北极海岸。

未开化的最高程度，他承认自己从小就被他们迷住了。[39] 他一直要求上级把自己派往爱斯基摩人[1]地区，最初是为了成为他们的第一位传教士（也是他们的第一位民族志专家）的荣誉，后来是为了通过成为殉道者来弥补他的过失。他的作品揭示了他在面对因纽特人时的强烈情感，他把因纽特人描述为"小偷和恶棍"，他们在家里赤身裸体地生活，形成了一个一夫多妻的民族，"他们在放纵和不道德方面超过了其他人，还通过玩世不恭的卑鄙行为来效仿他们的祖先"[40]。通过阅读旅行者的故事，这位神父相信自己能够推断出"同性恋是被允许的，并作为一种社会制度来实施"[41]。无法约束的性欲望和潜在的暴力倾向混合在一起，成为一种爆炸性的混杂物，使得传教士过于敏感的天性感到不安。他在一些因纽特人那里面临的真实威胁，使他将迫害妄想症发挥到了极致。为了证明这点，他描述了一个场景（真假并不重要），

---

[1] 本书中分别出现了因纽约人（Inuit）与爱斯基摩人两种称谓，其中爱斯基摩人（Eskimos 或 Esquimaux）包括了分布于北美洲北部的因纽特人以及阿拉斯加西部和俄罗斯西伯利亚东北部的尤皮克人（Yupik）。因为爱斯基摩人这个称呼意思是"吃生肉的人"，带有侮辱性，因此他们又自称为因纽特人。

据说当时他在一个雪屋（他实际上从未见过）露营，艾尤玛头纳克（Iyoumatounak），一个奇格利特-因纽特巫师开始对他施加魔法。

　　他就蹲在我面前的平台上，抓着一根有弹性的棍子，上面有一个皮球，还系着一条带子，他把它缠在棍子上，然后开始吟唱，交替地解开和卷起转轴上的带子，然后快速地旋转着转轴。他用一种低沉而含混的音调起兴，然后逐渐地变得生动，他震动这根棍子，愤怒地摇晃着它，让它快速地转动，在他的歌声中夹杂着严厉的辞藻和暴力指令，就好像他在对一个受他命令的人讲话一样。不一会儿，艾尤玛头纳克变得越来越咄咄逼人，他从歌唱转变为呐喊，又从呐喊转为呼叫，又从呼叫转为哀嚎。他一直用相同的韵律交替呼喊"Yan! Yan! Eh!"，伴随着颤抖、扭曲、狰狞的表情和某种惊厥。这个粗野的男人汗流不止，口吐着白沫，气喘吁吁地翻着白眼。他撕掉了身上仅有的几件衣服，并在流口水的同时，像个动物一样四肢着地。总而言之，他的行为就像一个魔鬼，事实上，他是如此的旁若无人，仿佛为了变成一个畜生已经消失了，但他又是一个有思想、会说话的畜生。还有什么能比这更糟糕？当他以这种疯狂的方式变得焦躁不安时，他摇晃和振动他的魔法转轴，以至于把它弄坏了。他用他的长匕首取而代之，同时像着了魔似的咆哮和吐沫，在过度兴奋的状态下一点一点地接近我，无法形容。他很可怕，也很恐怖。他的脸已经失去了人类的样子，他的眼睛似乎想刺杀我。他离我如此之近，他的脸几乎碰到了我的脸，我能感觉到他在我脸上的呼吸。他的目光，像一只愤怒的鬣狗，直视着我的眼睛……我瞥了一眼奥拉雷纳斯（Aoularenas）（家里的两个女人）。艾尤玛头纳克的狂热感染了她们，赢得了她们的青睐。她们高呼着同样的"Eh! Yan! Yan! Eh!"，语气如此尖锐，以至于我的双耳嗡嗡作响。像马戏团的表演者一样，她们抓住刀子，有节奏地拍打着大腿上部或左手掌心。她们的表情和他一样凶恶。仿佛他们三个人都陶醉于这种喧闹、喊叫和扭曲之中，就像其他人陶醉于酒精或烟草一样，以使自己有勇气去做一些可怕的事情。毫无疑问，有人正在谋划一些针对我的险恶计划。[42]

在这段蔚为壮观的幻觉之后，埃米尔·佩蒂托没有任何过渡，他平静地解释说，只要背对着这群"土狼"，就可以让他们立即停止一切狂热行为。很难说在这种情况下，作者是在穷极写作之能事，还是仅仅想要用嘲弄的语言来描述萨满。问题是，威胁的力度给他留下了足够深刻的印象——他实际上多次受到因纽特人的威胁，很可能是因为德内人和他在一起，以至于他可以幻想成为因纽特人的殉道者，被异教徒的长匕首刺杀或撕裂。

我的毕生心愿就是再次见到亲爱的爱斯基摩人，这是我敢于坚持下去的希望。我不惧死亡，尽管我有充分的理由在罪行面前颤抖，但如果这种死亡是一种殉道，即使只是出于慈善的殉道，我也会欣喜接受。哦，我多么希望能像殉道者一样死去！不要羡慕这种狂热的喜悦，其中的自私也许比对上帝的爱更多。只是说，通过殉道我将重新接受洗礼，尽管相比之下，我的恐惧和悔恨将继续伴随着我。不过，我希望在这个愿望中，至少有上帝之爱的迹象。[43]

埃米尔·佩蒂托从未在因纽特人那里待过足够长的时间，所以殉道很快就不了了之。然而，他在旅行中所面临的实际危险逐渐变成了想象中的威胁，这些威胁与他认为四处听闻的讽刺和诽谤相一致。他零星的怀疑很快就变成了名副其实的迫害妄想症：每个人都想取他性命，阴谋无处不在；有时是因纽特人，有时是德内人，有时甚至新教徒都想杀他。

的确，德内人在1865年至1866年冬季经历了他们历史上最严重的一次流行病，猩红热让近四分之一的人口死亡。[44]然而，传教士中却无人感染，德内人开始不时地怀疑，传教士想要使用魔法手段杀死他们。末日的氛围和对巫术的指控肯定滋长了埃米尔·佩蒂托迫害妄想症萌芽，而在德内人因为疫情挣扎而疲惫不堪，停止了对传教士的罪行指控后，这种妄想都还持续了很久。据这位传教士所说，所有因纽特人和德内人都在想："在他们杀死我们之前，让我们先下手为强。"这种推测，以及这份"想象中的恐惧感"，对他来说成为了一种执念——"他们想杀了我。"[45]

☆

从道德的层面来说，埃米尔·佩蒂托已经变成一个放逐者。天主教徒，或者更普遍的基督教徒，都在很长时间内被视为西方帝国主义的战略代理人，因为基督教徒改变了土著人的信仰——他们的生活方式、他们独特的社会组织形式、他们的仪式传统——基督教徒们还被认为充满着民族中心主义，显得盛气凌人和傲慢不堪。这些当然都是事实。然而，如果我们想尽可能了解埃米尔·佩蒂托的妄想症，我们就必须明白，这位年轻气盛的神父也与他的家庭和社会环境格格不入。"在六年的眼泪、痛苦和失望之后"——他认为自己去加拿大是一种能将母亲送进坟墓的反叛，这位母亲从他很小的时候就一直对他说："你真丑，我可怜的孩子，你实在是丑！"[46]他显得积极热情，侃侃而谈，固执己见，选择接受了传教士的使命。这与其说是为了皈依和帮助异教徒，不如说是为了满足他对远方和冒险的欲望，这是他对社会、精神和性层面不满的反应，促使他甘愿放弃了自己作为马赛小资产阶级的未来。他详细介绍了前年与德内人从辛普森堡（Fort Simpson）[1]到好望堡旅行时的焦虑情绪。

　　我于8月31日离开天意堡（Fort Providence）[2]，9月2日抵达辛普森堡后就立即离开，前往我心爱的好望堡住所，我已经与它分离了八个多月。回来后我深呼了一口气，还以为差点就见不着它了。在靠近一处湍流的时候，这艘船上的二十一个野蛮人突然透露了一个可怕的阴谋，他们想把我扔进激流之中。他们几乎都是异教徒和哈雷斯基人[3]。他们抱怨神父是让他们患病和死亡的原因，说这些疾病与我到达他们的土地上有所关联。他们还想在除掉我之后，对亲爱的塞甘

---

[1] 属于加拿大西北代乔（Dehcho）地区，地处利亚德河与马更些河的汇合点。19世纪初由欧洲商人建立，后设贸易站。
[2] 属于加拿大西北地区南奴区（South Slave Region），位于大奴湖以西，作为天主教传教所而始建于19世纪60年代。
[3] 哈雷斯基人又称为Sahtú或North Slavey，居住在加拿大西北地区大熊湖附近，属于讲阿萨巴斯卡语的原住民。

神父和科尔尼修士采取同样的做法，然后再回到森林。今年春天，他们就已经密谋摧毁好望堡和那里所有的白人，他们还指控塞甘神父想要毒死他们。这些都是我们离散兄弟、新教徒、公司雇员对土著人居心叵测所带来的后果。

我听完了他们的话，没有表现出任何的恐惧和不安。当我掌握了这个阴谋的所有线索时，凶手们站起来想要抓我，二十个人对一个羸弱的我，我站起来向他们喊道：他们可以对我肆意妄为，我不害怕在这种情况下死去，如果他们认为我的死亡可以给他们带来福祉，我很乐意为他们付出生命。但是我想说，我担心这种罪行只会引起上帝对他们的愤怒。尽管如此，我不会停止对他们的爱。我最后的呐喊将是"我爱你们"，当我在被法官审判之时，我将为他们祈祷来进一步证明我的爱。"现在"，我总结说："不要害怕，我不会防守，你们尽管来吧。"

这次爆发让他们非常困惑，以至于他们绞尽脑汁否认，并且表示了尊重，这不过是懦夫所使用的借口罢了。但他们还是决定将计划推迟到晚上执行，还说："现在他能听懂我们说的话，为了保护大家，我们必须要执行，否则他就会把我们出卖给他的同伙，白人就会杀死我们。"不用说，那天晚上我没有睡着。我们的船在漂冽的雾中漂浮，他们之中最猖狂的四个人正在观望，准备将他们的计划付诸行动。至于其他人，有些人表现出了怜悯，但迫于同伴的威胁而无能为力。只有一个人鼓足勇气说："你们的计划让我的内心煎熬，头痛欲裂，我绝不会参与其中。"他索性用毯子裹住自己，然后躺下，这样他就不会看到我死去。整个晚上，我都在向上帝和圣母玛利亚祈祷，希望不要让这样可怕的罪行发生。我一直在用念珠诵读着经文，但我已经做好了死亡的准备，哦！我是多么高兴！为殉道而死是如此的高兴，但我不值得拥有。哈雷斯基人喝了热茶、甘草汁和糖水，他们的心变得更加坚定，但正如他们所说，看到我一直熬夜，就没有勇气再去执行他们的计划了。二十一个人对我一个，当然，为了有足够的勇气，他们仍需要进入夜色，待我入睡。直到天亮，他们还很兴奋。我的一句话、一个微笑就能让他们立即退缩。（因为他们向我保证没有谋害之心后，我小心翼翼地避免留下我正怀疑他们的印象。）

天亮后，他们计划把我扔到离好望角不远的湍流里，并期待着如何瓜分我的东西。当我们抵达湍流时，他们却再次失去了勇气，所以我算是在"好望圣母"的指引下安然无恙地回到了家，她是我在这一段插曲中的保护者。他们还定了杀害塞甘神父、科尔尼修士和我的计划，但这一切都还没有实施。他们在冬夏季节筹谋了那么多时间，在错过了实现它的最佳机会之后，已经不敢再尝试什么了。[47]

让·塞甘在货物抵达了好望堡以后，开始收集德内人的各种描述。他们一致认为，埃米尔·佩蒂托又一次发疯了：他突然站起来，在强烈的亢奋状态下宣布，"你们可以用枪杀了我，也可以把我扔进水里，我不在乎，我不怕死!"然后他们把他团团围住，防止他投河自尽。[48]

如果说这次他怀疑土著人策划了一个阴谋，计划消灭白人，那么有时他想象中的白人才是阴谋的根源，才是原住民背后的推手。[49] 在他的精神错乱中，不曾改变的是他的生命置于危险境地，其他人想杀了他，而且总是有"幕后黑手"。[50]

在阅读这期年刊后，传教士的主教感到非常沮丧。与修道院的领导人不同，他清楚地知道，神父的恐惧是空穴来风。那些"不可言喻之物"，如不连贯的叙述、叛徒的威胁、阴险的话语、毁灭白人的长久阴谋，以及殉道者的英雄姿态，"纯粹是他不安的妄想和他对被迫害的痴迷"[51]。他立即要求教会高层不要再发表埃米尔·佩蒂托的任何信件，除非先由他的上级审查。

这些迫害妄想症，包括臆想中的诽谤和死亡威胁，占据了这位神父在北极地区越来越多的日常生活。他的同事让·塞甘显然对这种情况越来越厌烦，决定定期向他的主教报告这些细节。


佩蒂托神父一直听到四面八方传来的死亡言论。

今年春天我告诉过你，他听说周围的野蛮人要杀害他；

当他去皮尔河（Peel's River）时，他也听到了同样的威胁。当他到达要塞时，是哥威迅人（Gwich'in）[1]要割开他的喉咙；当他离开时，山里的人也要这样做。他安然无恙地到达了拉皮尔府（Lapierre House）[2]，那里同样充满了死亡威胁。当他登上育空（Youcon）[3]的驳船时，情况也是一样，但他最终顺利到达了要塞；在回来的路上，无论他在哪里遇到野蛮人，都有关于死亡的言论。总而言之，在任何地方，他看到的都是杀人犯。他声称，野蛮人、雇工、商人都想要他的命。52

然而，在1874年至1876年他驻留法国期间，这种妄想症似乎消失了，以至于无玷圣母献主会的领导人认为，内部矛盾才是极北地区传教士肆意告发的根源。53 他们将他送回

---

[1] 哥威迅人（Gwich'in、Kutchin）是讲阿萨巴斯卡语的加拿大和阿拉斯加地区的原住民。他们住在北美西北部，大部分位于北极圈上方。
[2] 拉皮尔府以前是哈德逊湾公司的一个前哨站，成立于1846年，作为冬季补给站而运行。
[3] 育空地区位于加拿大的西北方，以流经该地区的育空河（Yukon River）命名。

了加拿大，在那里他的妄想症故态复萌。"旧的故事和诽谤不够新鲜，所以他走到哪里都会发明新的故事。"这些不断重复的故事部分地证明了1882年埃米尔·佩蒂托被强制关入精神病院的理由。<sup>54</sup>当这个神父被彻底遣返后，妄想症似乎再次消退，他在马瑞尔-莱莫地区写的作品中，并没有详述他那些最为梦幻的解释。<sup>55</sup>

☆

1882年2月22日，佩罗医生和霍华德医生将埃米尔·佩蒂托收进了距离蒙特利尔六英里的长岬（Longue Pointe）精神病院。这位神父当时四十七岁，从遥远的萨斯喀彻温省（Saskatchewan）<sup>[1]</sup>送来。精神病院的院长泰雷兹·德·热苏斯（Thérèse de Jésus）很快就将他从精神医生那里带走，只留给他们用来做出"躁狂症"（mania）这一相当模糊的诊断时间。<sup>56</sup>

第一位诊断的医生是弗朗索瓦-格扎维埃·佩罗（François-Xavier Perrault），一位讲法语的加拿大人。<sup>57</sup>他是长

---

[1] 萨斯喀彻温省位于加拿大中心地带。

岬精神病院的常驻医生，但显然不熟悉精神病方面的最新研究成果。作为一名普通医生，他在长岬有一个资产阶级的客户群体。据他的诋毁者说，他利用自己在精神病院的职位，只是为了维持生计。他似乎认为埃米尔·佩蒂托是"精神正常的"，他还向神父暗示他被关起来只是因为教会领导层的命令。[58]第二位诊断的是亨利·霍华德医生，一位讲英语的眼科医生和实证主义者，他与慈善修女会（Sisters of Charity）[1]有潜在的冲突。[59]他对幻想症似乎只有一点浅薄的认识，认为这些病症只是遗传退化引起的器官损伤导致。他们对新进的研究一无所知，这些研究将在未来几十年里成倍地增长，用大致相当的术语确定诊断框架："拉塞格氏病"（Lasègue's disease）、"道德疯狂"（moral madness）、"理智疯狂"（reasoning madness）、"系统性疯狂"（systematized madness），或者根据埃米尔·克雷佩林（Emil Kraepelin）[2]的

---

[1] 此处指代的应是在 1633 年成立的慈善修女会，1801 年后逐渐传播到美洲等地。
[2] 埃米尔·克雷佩林（1856—1926 年），德国精神病学家，现代精神病学的创始人。

说法——"受迫害妄想症"（persecution paranoia）。或许是因为其词汇的可塑性，这个标签才逐渐进入通用话语。埃米尔·佩蒂托的妄想和行为表现出许多典型迹象：强烈的自恋、过度的骄傲、强迫的自作主张、夸张的嫉妒、隐形抗拒（concealment reactions）、反复性犹豫不决、系统性过度解释，当然，还有幻想性的迫害。

在被送入精神病院的几周前，埃米尔·佩蒂托经历了一系列新的妄想症发作，精神病院同意他再次前往法国休息，监督他所研究的各种原住民语言词典的出版工作。在与另一位传教士康斯坦丁·斯科伦（Constantine Scollen）结伴而行的长途火车上，他想知道为什么他们要去蒙特利尔而不是纽约。2月21日晚上8点30分，当他到达修道士家门口时，感到"身体非常健康，非常平静"，他惊讶地发现："被人用一种嘲笑和有点神秘的方式接待，甚至有一种讥讽的感觉。"[60]尽管如此，他还是被安排吃了晚饭，并被带去休息。第二天，还没有反应过来，他就以莫名的理由被送上雪车，精神病院主任在接到修道会的通知后，就违背他的意愿将他关了起来。正如埃米尔·佩蒂托后来告诉他妹妹的那样，以下是他所做的：

> 这里没有医生发现我有什么病，在这么短的时间
> 内，我的行为也没有提供任何可信的理由。但是有一
> 些人非常清楚如何狡诈地破坏病情诊断的手续，他们
> 事先找到好的机会和建议来伪装自己，所以他们似乎
> 尽可能合法地迎合了这里的秩序。这是一种可憎的背
> 叛和难以言喻的失信行为。[61]

长岬精神病院是一座四层砖砌的建筑，顶部有三个穹
顶，由中央建筑和两翼侧房组成，两翼正在逐步扩建，末端
仍在建设之中。佩罗医生的办公室，也就是埃米尔·佩蒂托
被短暂接待的地方，位于中央大楼，附近有一个接待大厅、
一个大型厨房和一个药房，慈善修女会在那里照管两具悬挂
的骨架，她们从中学习人体解剖学。两个对称的侧面房屋分
别为男性和女性使用，包含了相同的走廊、卧室和餐厅，一
共三层。一切都很干净，设备齐全，而且相对安静，即使是
穿插在一排排单间之内的宿舍也是如此。埃米尔·佩蒂托很

可能从未踏入过半地下室，或者更糟糕的四楼顶层，修女们把最难治的"疯子"，即那些严重的慢性躁狂症患者关在那里。那条阴郁的长廊挤满了几十个靠在墙边的精神病人，其中的一些坐在固定在地面的椅子上，另一些人则穿着紧身衣，其余大多数人则被拴在皮带上的铁手铐或皮手铐控制着。"如果他们被解开，他们就会脱掉衣服。"修女们解释道，她们感到被这种不雅行为冒犯。[62] 这个没有窗户的单间如此寂寥、肮脏、作呕，人们被关在里面，窒息着，手腕上还有镣铐。"一个充满了恐惧的阁室"，一个到访的英国医生后来义愤填膺地说道。[63]

尽管埃米尔·佩蒂托被强行囚禁，但是他与那些"不是语无伦次、危险复杂，就是顽固不化的人"[64]的命运不同。他能够听见他们夜以继日的喊叫，但却不和他们混杂一通。他承认灰衣修女会（Grey Nuns）[1]对他很友善。事实上，他认为自己是付费的住客之一。

---

[1] 即加拿大蒙特利尔总医院仁爱修女会（Order of Sisters of Charity of the Hospital General of Montreal），1737 年成立于蒙特利尔，一般又称为灰衣修女会。

无论如何，噢，这是无法承受的耻辱。我发现自己已经快要疯了！每天晚上我都被关起来，虽然我得到体贴的对待，但是我知道这并不是必然。我将不得不承受精神病的污名，无论我以后以何种方式生活。[65]

然而，他在精神病院写的大多数信件很少有真实的指控，有时他也会好奇大家是认真的吗？还是说传教士康斯坦丁·斯科伦把他带到这座被他称为"糟糕的工业之都"的蒙特利尔，只是为了使用他的名字来冒充他，"这实在是一件无法相信且邪恶至极的事情"[66]。直到十三个月后，他才被释放。

图3　埃米尔·佩蒂托穿着哥威迅人的衣服，于加拿大蒙特利尔的 L. E. 德斯马莱斯（L. E. Desmarais）摄影工作室留影，未注明日期（1874年？）。照片由加拿大黎塞留的德沙莱档案馆提供。

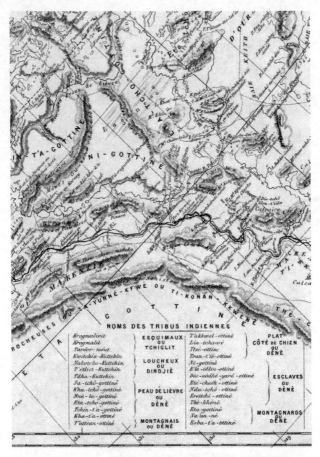

图 4　1862 年至 1873 年，埃米尔·佩蒂托在哥威迅人和北部德内人地区远游的地图细节。根据朱尔斯·安德烈·阿瑟·汉森（Jules André Arthur Hansen）在《地理学会公报》（Bulletin de la société de Géographie，10，1875）里的叙述。© Zones sensibles

# 注 释

1 埃米尔·佩蒂托在蒙特利尔附近的长岬精神病院写给瓦蒂梅斯尼尔侯爵夫人的信，日期是 1882 年 3 月 31 日，加拿大黎塞留，德沙特莱-Notre-Dame-du-Cap 档案馆，以下简称"德沙特莱档案馆（Deschâlets）档案馆"。

2 埃米尔·佩蒂托，《在通往冰冷大海的路上》（巴黎：Letouzey & Ané 出版社，1888 年），第 91 页。

3 埃米尔·佩蒂托，《在通往冰冷大海的路上》（巴黎：Letouzey & Ané 出版社，1888 年），第 91 页。

4 埃米尔·佩蒂托，《在通往冰冷大海的路上》（巴黎：Letouzey & Ané 出版社，1888 年），第 91—92 页。

5 埃米尔·佩蒂托，《在通往冰冷大海的路上》（巴黎：Letouzey & Ané 出版社，1888 年），第 92—93 页。

6 埃米尔·佩蒂托，《在通往冰冷大海的路上》（巴黎：Letouzey & Ané 出版社，1888 年），第 93—95 页。

7 佩蒂托的传教士同事让·塞甘很早就提到了《一个传教士的回忆录》，在 1874 年 2 月 5 日给弗洛依德（Faraud）的信中，来自好望圣母院（德沙特莱档案馆）。

8 关于这所学校，可见 Régis Bertrand, "Émile Petitot（1838—1916）avant ses mission canadiennes: Origine et formation d'un missionnaire oblat"，载于 La mission et le sauvage: Huguenots et catholiques d'une rive atlantique à l'autre, xvi—xix<sup>e</sup>, ed. Nicole Lemaître（巴黎，魁北克：CTHS，拉瓦尔大学出版社，2008 年），第 295 页；另见 Régis Bexvie-xixertrand, "Quelques notes sur les origines, la famille et l'enfance d'Émile Petitot"（罗马：无玷圣母献主会总档案，后文统称为 OMI 总档案馆）。

9 关于埃米尔·佩蒂托的生平，见《自传》第三节"关于埃米尔·佩蒂托的传记作品"。

10 虽然殖民者的标签重新定义了地方的群体身份，并且与当前的民族名称不完全相关，但与历史上的 Peaux-de-Lievre 或 Hareskins 有关的原住民如今使用 K'asho Got'ine 这一自称，而与之前的 Loucheux 或 Kutchin 有联系的各原住民更愿意自称为某个特定地点的 Gwich'in（"居民"）（例如：Nihtat Gwich'in, Dendu Gwich'in），并将自己统称为 Dinjii Zhuh。

11  埃米尔·佩蒂托，《在通往冰冷大海的路上》(巴黎：Letouzey & Ané 出版社，1888 年)，第 93—95 页。

12  埃米尔·佩蒂托，《大奴湖周围》(巴黎：A.Savine 出版社，1891 年)，第 230 页。

13  埃米尔·佩蒂托，《大奴湖周围》(巴黎：A.Savine 出版社，1891 年)，第 208 页。

14  埃米尔·佩蒂托，《大奴湖周围》(巴黎：A.Savine 出版社，1891 年)，第 231 页。

15  埃米尔·佩蒂托，《大奴湖周围》(巴黎：A.Savine 出版社，1891 年)，第 231—232 页。

16  佩蒂托致弗洛依德的信，克莱里特湖 (Lac Klérit'ie)，来自雷堡 (Fort Rae) 以西 11 天路程的地方，1864 年 6 月 1 日 (德沙特莱档案馆)；另见佩蒂托致德·瑟马莱 (De Semallé) 的信，巴黎，1884 年 3 月 13 日 (OMI 总档案)。

17  佩蒂托致弗洛依德的信，克莱里特湖，来自雷堡以西 11 天路程的地方，1864 年 6 月 1 日 (德沙特莱档案馆)；另见佩蒂托致德·瑟马莱的信，巴黎，1884 年 3 月 13 日 (OMI 总档案)。

18  埃米尔·佩蒂托，《大熊湖探险》(巴黎：Téqui 出版社，1893 年)，第 319—320 页。

19  埃米尔·佩蒂托，《大熊湖探险》(巴黎：Téqui 出版社，1893 年)，第 319—320 页。

20  克鲁特致法布尔的信 (引用佩蒂托的话)，圣迈克尔布道团 (St. Michael's Mission)，雷堡 (Fort Rae)，1872 年 5 月 20 日 (德沙特莱档案馆)。

21  埃米尔·佩蒂托，《十五年》，第 167 页。

22  佩蒂托致弗洛依德的信，好望堡，1864 年 9 月 7 日 (德沙特莱档案)。

23  弗洛依德致法布尔 (Fabre) 的信，天意布道团 (Providence Mission)，1865 年 11 月 15 日；塞甘 (Séguin) 致弗洛依德的信，好望圣母院，1870 年 2 月 18 日；塞甘致弗洛依德的信，好望圣母院，1870 年 6 月 3 日。塞甘致弗洛依德的信，好望圣母院，1870 年 7 月 25 日；塞甘致弗洛依德的信，好望圣母院，1872 年 7 月 27 日；克鲁特 (Clut) 致萨尔杜 (Sardou) 的信，育空堡 (Fort Yukon)，1873 年 4 月 1 日 (这里引用的所有信件都在德沙特莱档案馆内)。

24 埃米尔·佩蒂托，《十五年》，第125—130页。

25 弗洛依德致法布尔的信，天意布道团，1868年11月29日。

26 佩蒂托致弗洛依德的信，好望堡，1866年1月15日。

27 佩蒂托致法布尔的信，好望圣母院，1866年9月12日（OMI综合档案库）。

28 佩蒂托致弗洛依德的信，好望堡，1867年2月28日（OMI综合档案库）。

29 克鲁特致弗洛依德的信，1872年1月2日；勒科尔（Lecorre）致克鲁特的信，好望堡，1872年7月29日；弗洛依德致法布尔的信，天意布道团，1868年11月29日，全部位于德沙特莱档案馆内。

30 佩蒂托致弗洛依德的信，好望圣母院，1868年1月31日（德沙特莱档案馆）。

31 落基山脉的哈雷斯基人（Hareskin）亚森特·德赞尤，1874年2月致佩蒂托的信，次年7月24日在蒙特利尔收到，发表在 Les missions catholiques 220（1874年），第635页，重印在 "Athabaska-Mackenzie"，Les missions catholiques 第329卷（1875年），第463—465页。

32 佩蒂托致弗洛依德的信，好望堡，1866年1月15日（德沙特莱档案馆）。

33 埃米尔·佩蒂托，《北极丹尼特人宇宙观中的神话索引》（巴黎：E. Bouillon 出版社，1890年），第364页。

34 佩蒂托致弗洛依德的信，好望堡，1866年1月15日（德沙特莱档案馆）。

35 佩蒂托致法布尔的信，好望圣母院，1866年7月12日（OMI综合档案库）；弗洛依德致法布尔的信，奴河，1866年7月8日（德沙特莱档案馆）；塞甘致弗洛依德的信，好望圣母院，1866年8月2日（德沙特莱档案馆）；克鲁特致弗洛依德的信，天意布道团，1873年11月14日（德沙特莱档案馆）。

36 佩蒂托致弗洛依德的信，好望堡，1866年1月15日；佩蒂托致弗洛依德的信，好望圣母院，1868年1月31日；佩蒂托致弗洛依德的信，十字岛（Île-à-la-Crosse），1873年8月14日；佩蒂托致弗洛依德的信，天意布道团，1873年11月14日（全部位于德沙特莱档案馆内）。

37 佩蒂托致弗洛依德的信，圣特蕾莎布道团（Saint Theresa's Mission），

1868 年 5 月，大熊湖（德沙特莱档案馆）。

38  埃米尔·佩蒂托，《伟大的爱斯基摩人》（巴黎：Plon 出版社，1887 年），由 E.O. 哈恩（E.O. Hahn）翻译成英文的《在奇格利特-爱斯基摩人之中》，第二版（埃德蒙顿：阿尔伯塔大学出版社，北方研究所，1999 年）。关于这本书的详细评论，见维克多·菲利普（Victor Philippe）给加斯顿·卡里耶尔（Gaston Carrière）的信，史密斯堡（Fort Smith），1983 年 8 月 20 日，其中附有一份未发表的研究报告，"埃米尔·佩蒂托神父和爱斯基摩人"（加拿大黎塞留：德沙特莱档案馆）。

39  埃米尔·佩蒂托，《伟大的爱斯基摩人》，第 40—41 页。

40  埃米尔·佩蒂托，《北极丹尼特人宇宙观中的神话索引》，第 354 页。

41  埃米尔·佩蒂托，《北极丹尼特人宇宙观中的神话索引》，第 354 页。

42  埃米尔·佩蒂，《伟大的爱斯基摩人》，第 90—91 页。

43  佩蒂托致弗洛伊德的信，圣特蕾莎布道团，大熊湖，1868 年 5 月，（德沙特莱档案）。

44  阿德里安-加布里埃尔·莫里斯，《加拿大西部天主教会的历史，从苏必利尔湖到太平洋地区》（1659—1905 年），第 2 卷（温尼伯：Chez l'auteur 出版社，1912 年）。

45  佩蒂托致弗洛依德的信，圣特蕾莎布道团，1868 年 5 月。另见于塞甘致弗洛依德的信，好望圣母院，1869 年 9 月 16 日；弗洛依德致法布尔的信，天意布道团，1869 年 11 月 27 日；克鲁特致弗洛依德的信，耶稣诞生布道团（Nativity Mission），1869 年 2 月 15 日；塞甘致弗洛依德的信，好望圣母院，1870 年 2 月 18 日。佩蒂托致弗洛依德的信，好望圣母院，1870 年 2 月 28 日；克鲁特致法布尔的信，蒙特利尔，1870 年 4 月 29 日；克鲁特致弗洛依德的信，耶稣诞生布道团，1871 年 3 月 21 日；塞甘致弗洛依德的信，好望圣母院，1870 年 6 月 3 日；塞甘致法布尔的信，好望圣母院，1871 年 5 月 25 日（OMI 总档案）。卡尼（Kearney）致弗洛依德的信，好望圣母院，1872 年 6 月 3 日；克鲁特致弗洛依德的信，好望堡，1871 年 9 月 11 日；佩蒂托致弗洛依德的信，好望堡，1877 年 1 月 8 日；塞甘致弗洛依德的信，好望圣母院，1875 年 5 月 25 日；塞甘致弗洛依德的信，好望圣母院，1877 年 2 月 1 日。佩蒂托致弗洛依德的信，天意布道团，1879 年 1 月 14 日；塞甘致法布尔的信，好望圣母院，1879 年 2 月 5 日（OMI 综合档案馆）；塞甘致克鲁特的信，好望圣母院，在天意布道团附近的小湖，1879年9月23日（OMI综合档案馆）（除非另有说明，本章引用的所有信件都位于德沙特莱档案馆）。

46　佩蒂托，《途中》，第5页；佩蒂托，《大湖周围》，第208页。

47　弗洛依德致法布尔的信，好望堡，1869年9月15日；《无玷圣母献主会的传教活动》第35卷（1870年），第296—298页。

48　塞甘致弗洛依德的信，好望圣母院，1869年9月16日（德沙特莱档案馆）。

49　塞甘致弗洛依德的信，好望圣母院，1870年6月3日（德沙特莱档案馆）。

50　卡尼致弗洛依德的信，好望圣母院，1872年6月3日（德沙特莱档案馆）。

51　克鲁特致法布尔的信，圣迈克尔布道团，雷堡，1872年5月20日（德沙特莱档案馆）。

52　塞甘致弗洛依德的信，好望圣母院，1870年7月25日（德沙特莱档案馆）。

53　罗伯特·肖凯特（Robert Choquette），《对加拿大西北部的突然袭击》（渥太华：渥太华大学出版社，1995年），第65页。

54　佩蒂托致弗洛依德的信，好望堡，1877年1月8日（德沙特莱档案馆）。

55　佩蒂托当时写的作品主要有《伟大的爱斯基摩人》和《在北极圈下的15年》。

56　潘纳西奥（Panaccio）致萨瓦（Savoie），蒙特利尔，1973年3月6日（德沙特莱档案馆）。

57　关于弗朗索瓦-格里维埃·佩罗，见安德烈·帕拉迪斯（André Paradis），"从1845年到1920年的岛屿"，载于《L'institution médicale》。诺曼·塞冈（Normand Séguin）（魁北克：拉瓦尔大学出版社，1998年），第50—57页。

58　佩蒂托致妹妹福图妮（Fortunée）的信，长岬精神病院，1882年2月25日（德沙特莱档案馆）。

59　关于霍华德（Howard）博士，见罗德里格·塞缪尔（Rodrigue Samuel），"亨利·霍华德"，载于《加拿大传记词典》，第11卷（魁北克，多伦

多：拉瓦尔大学出版社，多伦多大学，1982 年）；安德烈·帕拉迪斯，
"从 1845 年到 1920 年的岛屿"，第 50—57 页。

60　佩蒂托致妹妹福图妮的信，长岬精神病院，1882 年 2 月 25 日（德沙特
莱档案馆）。

61　佩蒂托致妹妹福图妮的信，长岬精神病院，1882 年 2 月 25 日（德沙特
莱档案馆）；另见佩蒂托致蒙特利尔法国领事馆领事的信，长岬精神
病院，1882 年 3 月 1 日；佩蒂托致他的兄弟奥古斯特（Auguste）的信，
长岬精神病院，1882 年 3 月 3 日；佩蒂托致塔奇（Taché）的信，长岬
精神病院，1882 年 3 月 10 日（所有信件都在德沙特莱档案馆）。

62　丹尼尔·哈克·图克（Daniel Hack Tuke），《美国和加拿大的疯子》（伦
敦：H.K. Lewis 出版社，1893 年），第 195 页。

63　丹尼尔·哈克·图克，《美国和加拿大的疯子》（伦敦：H.K. Lewis 出版
社，1893 年），第 189—201 页。另见丹尼尔·弗朗西斯（Daniel Francis），
"维多利亚时代的丑闻：位于长岬的精神病院"，The Beaver 第 69 卷，
第 3 期（1989 年），第 33—38 页；安德烈·帕拉迪斯，"从 1845 年到
1920 年的岛屿"，第 37—74 页。

64　约瑟夫·查尔斯·塔奇，《魁北克省的精神病院及其反对者》（魁北克：
Hull 出版社，1885 年），第 30 页。

65　佩蒂托致妹妹福图妮的信，长岬精神病院，1882 年 2 月 25 日（德沙特
莱档案馆）。

66　佩蒂托致一个表弟［可能是埃米尔·达迪（Émile Dardy）］的信，长
岬精神病院，1882 年 3 月 31 日（德沙特莱档案馆）。

第二章

释义性谵妄：北极的以色列人

1862 年 4 月，在第一次前往美洲的轮船甲板上，埃米尔·佩蒂托以天主教神父的身份，被要求就一场奇怪的争端表达看法，尽管他还很年轻且对教会研究一知半解。在此期间，他与一名犹太裔乘客暂时结盟，反驳一位新教徒乘客。佩蒂托彼时刚离开马赛大修院（Major Seminary of Marseilles），事实上这是一个保守的机构，将世俗的事情置之度外，只讲授《圣经》的字面解释。

　　三等舱里有三百多名爱尔兰和德国乘客，他们都要移民到加拿大。其中有一个犹太人，他穿着一件波兰式（Polonaise）的连衣裙，内衬着狐狸皮，戴着一顶科尔巴赫式（kolbach）的帽子。他说他是亚洲人，尽管他的名字叫穆勒（Müller）。除非以色列的荣誉受到了损害，否则他就是一个对宗教毫无热忱的石材商人。就他而言，我必须公正地说，他根本不懂什么是对人的尊重，而且他总是盲目自信。穆勒先生一个人的声音就多于其他的二百九十九名船客，他游手好闲，用德语、英语、意大利语和叙利亚语大放厥词。他用独断的语气解决所有问题，似乎讨厌英国人而赞扬美国人，并且像鹦鹉一样不停地重复自己的话。他表现出泰然自若、妙语连珠、虚情假意，尤其是他有一个珠宝盒，使他能够进入三等舱乘客无法进入的后甲板区域。[1]

4月10日上午，喝完茶后，海面上波涛涌动，埃米尔·佩蒂托看到"敬爱的以色列之子"步履蹒跚地向他走来，每走一步，他的手就紧张地扶着栏杆。这人忽然用颤抖的声音对他说话，省略了问候和礼节：

"我亲爱的神父"，以色列人喊道，"我想让你对一个争议进行判决。我相信你会和我的意见一致。"

"是什么事，先生？"

"加拿大的一个英国陪审团对一个名叫雅各布的同派教徒作出了判决。科特南（Cotnam）先生，来自魁北克省，一个可敬的英国加拿大人，他在整整一刻钟前已经告诉我，牧首雅各布（Jacob）[1] 用欺诈和谎言来获得以撒（Isaac）的祝福。科特南先生支持法院最近作出的有利于一个名叫所罗门的以色列人对雅各布的裁决的荒谬观点，所罗门指控他在商业交易中欺诈。雅各布拼命地否认他的欺诈行为，所罗门则坚信雅各布所言不实。所罗门向陪审团争辩说，既然主教雅各布是首要的骗子，那么在犹太教堂里也有一个长期的传统，即所有拥有相同名字的犹太人都继承了这种父系品质。这是一个简单的遗传现象，先生。"

"科特南先生说：'递交这份证词，加拿大陪审团会毫不犹豫地将雅各布定罪。你能相信吗？这就是他

---

[1] 据《圣经》记载，雅各布是亚伯拉罕之孙，乃以色列十二支派的先祖。

所谓的证据！'"穆勒先生怒吼着，气得满脸涨红。"这件事让我非常苦恼，我请求你给出一个判决！你对这种逻辑又有什么看法，先生？"[2]

这位三等舱的犹太乘客（如果埃米尔·佩蒂托所说的科尔巴赫式帽子实际上是"Kolpik"，这是一种传统的毛皮帽，那么他可能是哈西德派教徒[1]）因此充满天真地寻求一位天主教徒的支持，以抗拒他在早餐时所遭遇的反犹主义。反驳的对象是一位近视的英国教徒，他习惯在舒适的一等舱中安然旅行。穆勒的反应出于一种愤慨，而这种愤慨无疑因船只颠簸更为高涨。神父面带笑意听完了争吵的叙述后，现在终于放声大笑了。

"如果有的话"，我对他说，"科特南先生告诉你的那个小故事来自一家英国报纸，可能来自《笨拙》或《漫画剪辑》的专栏，我想他把段子当成了一个严肃的

---

[1] 哈西德派（Hasidic）是一个犹太教派别。

新闻。"

"至于你告诉我的推理，它既不关于以色列人，也非天主教徒，甚至也不是新教徒；因为新教徒和我们一样相信牧首雅各布的神圣地位。就算作出这种似是而非的判决，也不会让雅各布被认为是一个谎言的化身……"

"我就知道！"欣喜若狂的亚裔犹太人感叹道，"我非常清楚，你这个神父会同意我的观点，就像全世界的神父一样！"[3]

这个荒谬的论点没有任何内在动机。然而，这也预示着埃米尔·佩蒂托在北极圈下传教时，对自己身处的社会与宗教地位有所察觉。因为在这片遥远的土地上，天主教传教士的敌人是英国圣公会的神父，他认为英国圣公会的神父通过卑鄙下流的手段，从天主教徒那里偷走了不忠的原住民灵魂。具体来说，作为其使命的一部分，天主教徒应依附的自然盟友不是别人，正是希伯来人。事实上，埃米尔·佩蒂托认为德内人就是犹太人。

☆

在他到达加拿大极北地区的布道团数月后，他就对德内人［当时的传教士通常称他们为蒙塔涅人（Montagnais）］与他青少年印象间的巨大差异感到惊讶，他那时通过阅读得知，北美大平原印第安人骄傲地戴着羽冠，赤身骑着马儿奔腾。这位年轻的神父开始质疑那些囫囵吞枣般学到的知识。

> 蒙塔涅人和南边其他红种人之间存在的传统差异，在语言和习惯上的显著不同，使我相信蒙塔涅人是一个独特的种族，而且北美各民族并非都是土著群体。要是我有一些希伯来语或叙利亚语的基础知识就好了，再凭借我对蒙塔涅语的一点了解，以及善良的主让我了解到的内容。如果他让我活下去，谁知道我是否有可能对这些民族的起源提出有趣的发现？[4]

这种猜测并非凭空捏造。陪同埃米尔·佩蒂托从马赛来到加拿大（二十年后，佩蒂托被关押在蒙特利尔的一家精神病院）的修道院主教和传教士维塔尔·格兰丁（Vital Grandin），根据德内人的一些习俗和他们语言中的某些词汇表达，就已认为"如果蒙塔涅人不是希伯来人的后代，他们至少是一些与他们交流的人产生的后代"[5]。至于埃米尔·佩蒂托的另一位旅伴埃米尔·格鲁瓦（Émile Grouard），他断言："所有与北美人经常接触的传教士、天主教徒和新教徒，都注意到印第安人和希伯来人之间的相似之处。"[6] 因此，这个观点早已在修道院和其他人群之中流传开来。然而，如果我们考虑到当时的传教士向原住民传播的天主教时间年表中，存在一个关于《圣经》的图示，它将世界的创造追溯至不到六千年前，这就没有什么惊讶之处了。[7] 在这样狭隘的范畴内，人类当然是起源于亚当，文化的相似之处很难被视为迁移和扩散的交融结果，也就无法考虑进化趋同的观点。

*Nan digal'é. Inkfwin-wélay ya-kkètchiné klané narwet. Inl'ègé ténéyu enli, inl'égé yénnéné enli. Khiyué nigunti. Ttasin yakhési, ttasin kkè*

*tchonkhéninya, ékhu yéra kkinayendifwéwer xhè ékhu yayési. Inkfwin-*

*wétay bétchilékwié nné yaési, ékhu ttasin xénna-xhô-wé héni, béhonnè*

*tcholléyé, éyi la nnè kkê nilpénitchu; kwila ninitchu, ekhu kohannè*

*konéguntié anagotti. Ekhulla naokhé, tragè, dingi, ehttsen-tragé ékra adjia*

*xhé, ayhè natigal'é. Eyitta nné nézin runhéyékkwé.*[8]

关于创造。苍穹之神居住于天堂之底，一雄一雌。他
们的衣服由精致的毛皮制成，绚丽至极。他们凭借自己的愿
望和药物的力量创造万物。只要他们躺下和睡去，一切就都
会完成。开始的时候，苍穹之神派年轻人去创造地球。在混
沌中，他们铺上柔韧、丝滑的东西，类似于鞣制的麋鹿皮。
通过这种方式，他们对大地进行了一番美化。揭开这个覆盖
物之后，他们又把它铺开，当大地从地下呈现时，它就更漂
亮了。然后，苍穹之神派仆人做了同样的事情，三次、四
次、五次、六次，地球就由此创造完成了。

故事提供者：利泽特·哈乔提（Lizette Khatchôti），

一个哈雷斯基人

1870 年 1 月[9]

☆

修道院的同事只看到了希伯来人和土著社会的相似之处，而埃米尔·佩蒂托则不同，他醉心于加拿大原住民起源的理论与历史问题，特别是他生活其中的德内人。他意气风发的气质，加上敏锐的好奇心和杂而不精的知识体系，激发了他的兴趣，并很快为之痴迷。他显然无视了当时正在酝酿的反犹主义迹象，只是利用一切论据来证明德内人是《旧约》中希伯来人的后代。[10] 在克服了伊始的厌恶之后，他开始相信德内人与犹太人相貌相似。

蒙塔涅人可被描绘为以下模样：有着细而尖、高而长的头部，长而直、硬且亮的黑发在额头上一分为二，长长地披落双肩。女人们甚至懒得分开头发，只让它们遮住脸庞。蒙塔涅人的发际线较高，呈圆锥形，太阳穴较为深邃，尽管它相当高；他们的眼睛是棕色的，灼热的，略微斜视，而且惊人地定格着；他们的眼皮又大又重，颧骨突出，下巴很尖。他们有一张宽大的嘴，总是张着，嘴唇丰满，有的像是肿胀，有的则会前突；四肢较小，显得匀称；腿很瘦，向外曲张。简而言之，我没有发现我曾见过的马来人和中国人的特征。相反，他们的高颧骨、立体的五官和直发使他们更像是闪米特人种。杰出的 A.德·洪堡（A. de Humboldt）已经和诺特、莫顿一起，通过检验他们的头骨指出，他们不属于蒙古人种。至于我，我只能从他们的轮廓中看到一个犹太人的相貌特征。[11]

也许应该回顾一下，埃米尔·佩蒂托在引用塞缪尔·G.莫顿（Samuel G. Morton）[1]和乔赛亚·C.诺特（Josiah C. Nott）[2]的著作时，奇怪地提及了这两位美国"科学种族主义"（scientific racism）的奠基者，其认为人类是独立的物种，具有与生俱来的身体和智力特征，每个种族都是上帝创造的独特产物。这是典型的美国版多基因理论，在其他国家的主要科学传统中，多基因版本的种族主义反而会带来一种实证

---

[1] 塞缪尔·G.莫顿（1799—1851 年），美国医生、自然科学家和作家。
[2] 乔赛亚·C.诺特（1804—1873 年），美国外科医生和体质人类学家。

主义的无神论。由于许多美国人需要调和上帝、科学和奴隶制，他们的种族主义可能在十九世纪初具有一定的吸引力。当然，埃米尔·佩蒂托信奉天主教教义，即亚当式的单基因论：根据《圣经》，人类只被创造了一次。尽管如此，他三脚猫的自学功夫很容易忽视阅读作品背后的认识论假设，而只是用它来支持自己的立场，即甚至从德内人的相貌中看出，他们是古希伯来人的后裔，更确切地说，是"被掳到巴比伦后仍遗留的以色列部落"（lost tribes）[1]。[12]

事实上，埃米尔·佩蒂托走得更远：在《列王纪》第二卷列出的以色列十个失落部族中，他认为德内人的后裔是其中之一。论证命题的过程可归纳为简单的词汇含义的近似：

---

[1] 失落部族是指古代以色列十二支派中失去踪迹的十支。这十个支派在公元前722年亚述帝国摧毁北国以色列后，便消失于《圣经》的记载，它们分别是流便支派（Reuben）、西缅支派（Simeon）、丹支派（Dan）、拿弗他利支派（Naphtali）、迦得支派（Gad）、亚设支派（Asher）、以萨迦支派（Issachar）、西布伦支派（Zebulun）、以法莲支派（Manasseh）、玛拿西支派（Ephraim）。

凭借我对他们明显的希伯来习俗的认识，我完全相信美洲的德内人是丹（Dan）部落的后裔。我听到了普遍的反对意见，抗议我这样做。迷信的人、胆小的人、《圣经》和希伯来传统的敌人才会对此有所异议。[13]

　　因此，德内人起源于丹部落，属于雅各布第五个儿子的后裔。在很久以前，这个部落在以色列王国被摧毁后越过了白令海峡，定居在加拿大极北地区的森林和苔原。当神父确定德内人的这一秘密身份后——他不慌不忙地称他们为北极丹尼特人——他已经意识到他立场的争议性，向他的教徒以及巴黎科学界透露了这一点。在1874年至1876年逗留法国期间，他发表了德内人具有希伯来式日常实践和习俗的观点，特别是在1875年南锡（Nancy）举行的第一届国际美洲学者大会上。在那里，面对实证主义者和天主教徒，他展示了自己与美洲极北地区原住民亲密无间的关系。这与他科学界的对手所做的博学汇编形成了鲜明的对比，那些汇编完全来自他们在图书馆中所阅读的书籍，这促使他称那些人为"书斋学者"和"炉边知识分子"。[14]虽然他没有收到会议组织者的邀请，但他在最后一刻被天主教徒推到台前发言。在这次兼具科学与外交性质的开幕式上，埃米尔·佩蒂托给了一份清单，列出了他认为古希伯来人和北极丹尼特人之间相同的二十九种习俗，总结了他十二年的研究和思考。[15]

在这份混杂的清单中，每种德内传统都与《旧约》中的拉丁引文相对应，有一小部分应该是说明性的，其顺序延续了传教士的武断形式：如对狗肉的禁忌；分娩后夫妻分居四十天；与嫂子结婚[1]；幼儿三年后断奶；对人类遗骸的仪式性厌恶；妇女"自然性的体弱"[2]时被关禁闭；十二月历；单独分娩；给猎物放血（因此他们的肉是符合犹太教规定的）。对蛇的认识：尽管在德内人看来，"他们的国家没有蛇，一年有九个月被冰雪覆盖"；灵魂不灭的信仰；以三只在神话中被拟人化认知的鹰，所体现出的神圣性三位一体；认为"女人是人类罪恶的始作俑者"；月圆之夜的节庆仪式，与犹太教的逾越节完全一样，诸如此类。[16]

---

[1] 此处翻译为"嫂子"（sister-in-law），也可泛指己方兄弟的妻子，或者配偶的姐妹，或者配偶兄弟的妻子。
[2] 应指代女性月经期间。

☆

*Innié-ton dènè étiéyonlini, ékhu étié dènè yakhinlé, kruluyakunyon illé enkharé, fwin étié akhinla. Eyiyitta èta-khédété: étié dènè yawélé, ékhu dènè étié akhétchya, déti. Eyitta trinttchanadey yonlini, khu-tatsénétrè dènè kkêen: krulu éyini bétatsénétrè bé kfwen tséhali illé. Eyunné la tl'in yawélé, ékhu dènè-khinlé; éyitta tl'in ttsintséwi, ékhu tl'in dènè ra-lakhéyéta. Bénigunlay wéré tl'in du bératsédéti, dènè xhè nadé oyi, khuxè natsézé. Eyitta tl'in tséwéxié illé. Kotsintè yénikfwen, ékhu dènè kkêen béra tsénétré.*[17]

肮脏食物的禁忌。很久以前，今天的人类曾是驯鹿，我们吃的驯鹿是人，但那时的人没有灵魂，并且无法杀死任何动物。这就是为什么它们转换了角色：人类变成了驯鹿，而驯鹿则变成了人类。这解释了为什么我们不和纯粹的动物一起栖居（以及为什么我们会吃它们），仿佛它们就是人类。但我们不能吃与我们栖居者的肉：那些被我们称为鬼魂、疯子和荡妇的敌人，本来是狗，后来变成了人。这就是为什么我们让狗吃苦，让它们成为人类的奴隶，但我们不杀它们；杀狗是一种罪行，因为它们是我们以前的敌人，因此是人类。所以，我们能与人、狗栖居。

故事提供者：利泽特·卡乔提

一个哈雷斯基人

1870 年 1 月 [18]

☆

埃米尔·佩蒂托所列德内人与古希伯来人的类比清单中，最后几项冒险地涉及了宗教仪式和概念的领域，归根结底这是他的专长。他在这个问题上大做文章：

> 谈及蒙塔涅人的宗教，如果要给其中原始自然崇拜组成的深层内容起个名字，我将称之为犹太拜物教（Jewish fetishism），因为它混杂着明显的犹太传统和规定……如准备接受灵魂的禁食；罪恶是导致疾病和死亡的原因；为了恢复健康而强制要求病人忏悔；有能力使神灵下凡并消除罪恶。这些不是犹太教的残余，又是什么？[19]

如果说德内人的萨满教最终与"犹太拜物教"别无二

致，那么他们众多的神话故事，即埃米尔·佩蒂托最先收集的东西，据称充满了《圣经》内容的遗存。正如对佩蒂托作品做了毒辣评论的编辑所说："作者自学成才，是那些在涉及《圣经》评论时大胆而直率的人之一。"[20]

在他们的传统中，有一个与拜火教（Zoroastrian）[1]类似的普遍性洪水传说；《圣经》的语言传播；原住民长寿的认识[2]；在他们的起源地存在着巨人；第一对人类夫妇因年少者的过错而堕落；神之子对人类的救赎，不管它多么像动物——一只像雪一样白的巨鹰，被称为无瑕而纯真的奥托莱（Otôàlé）。因此，从根本上说他们的想法与阿拉姆语（Aramaic）[3]和《圣经》有关。到目前为止，这些倒也不足为奇。但有些德内人的英雄让人想起摩西（Moses）、亚伯拉罕（Abraham）和参

---

[1] 是伊斯兰教诞生之前，中东地区最具影响力的宗教。
[2] 这里佩蒂托可能想表达《圣经》中记载的犹太祖先寿命都有几百岁，而这些原住民也被认为较为长寿。
[3] 阿拉姆语是闪米特语族的一种语言，与希伯来语和阿拉伯语同属一个语族。

孙（Samson）[1]；有些则让人想起乔纳斯（Jonas）、大卫（David）和托比（Tobie）[2]这些名字。21

在写给马赛大修院前教授洛朗-阿奇勒·雷伊（Laurent-Achille Rey）的信中，22 埃米尔·佩蒂托大胆概括了他对神话研究的第一份综合报告，其中清楚地反映了他对取得革命性发现的热情。

印第安人就是被掳走的以色列部落后裔。幸运的是，没有任何先入为主或刻板印象的情况下，时遇和对民族学的喜好让我自认为取得一个发现。我有充足材料来写一本翔实的书，并且我有足够证据让我核定这一事实。我收集了很多蒙塔涅人、多格里布人（Dogrib）[3]、哈雷斯基人和哥威迅人的传统信仰。它们

---

[1] 参孙属于以色列的丹部落，因徒手击杀雄狮，只身与外敌作战而著名。
[2] 乔纳斯、大卫、托比等名字都有希伯来语的词源，都为以色列古代的传说人物。
[3] 多格里布人，主要居住于加拿大西北地区大熊湖和大奴湖之间的森林和荒地。

在本质上是相同的，并且像四本福音书一样相互补充，形成一个整体，这就是《圣经》中的记载。在这些传统中，有三个等级：

1. 纯粹、简单、没有任何虚构的故事，如玛纳（manna）[1]的情节、穿越红海、埃及人长子的死亡、逾越节的仪式、在西奈岛颁布的法律、参孙的系列故事、亚伦（Aaron）[2]的牺牲、洪水、伯利恒之星[3]，等等。

2. 人性转换的叙事中，动物成为了人类，但主角，也就是《圣经》中的主角却清晰地展现了出来，具有与我们圣书中相同的特性：包括亚伯拉罕、罗得（Lot）[4]和非自然性行为者（Sodomites）[5]、摩西、大

---

[1] 玛纳指《圣经》记载中，上帝在以色列人沙漠旅行的四十年间提供的食粮。

[2] 亚伦是《圣经》的人物，为摩西的兄长，是亚伯拉罕宗教共同的先知之一。

[3] 据《圣经》记载，"伯利恒之星"指引了东方贤士到达耶稣的出生地，因此伯利恒之星又被称为圣诞星。

[4] 《圣经》记载中，罗得是以色列人始祖亚伯拉罕的侄子。

[5] 指在基督教神学背景下，有非生殖性性行为（sodomy）的人，本文中指代的应是男同性恋者。

卫、基甸（Gideon）[1]、朱迪斯（Judith）[2]、托比亚斯（Tobias）[3] 等人的故事，等等。

3. 寓言中很容易看出其道德目的和潜在意义，现在印第安人不知道，但他们的祖先一定知晓：这些是救赎的故事、人类的堕落、犹太民族的解救，等等。[23]

现在，"等等"一词接连涌现而出。他的通讯员不久将成为蒙马特地区第一位随行神职人员[4]，他用自己的羊群为巴黎公社的邪恶恐怖赎罪，因为巴黎公社的消息在各地修道院中引起了焦虑和愤慨。通讯员很容易联想到正在筹备的"大作"具有的特殊潜在群体。在信的结尾，埃米尔·佩蒂托提到了德内语言学：在他认为德内语和希伯来语具有的

---

[1]《圣经》中记载的以色列著名英雄和士师。

[2] 朱迪斯是《朱迪斯之书》（Book of Judith）中的人物，其英勇的举动吓退了亚述侵略军，拯救了以色列人。

[3] 托比亚斯是《托比特之书》（Book of Tobit）中的以色列人物，他为了治疗父亲托比特（Tobit）而旅行，途中遇到了大天使拉斐尔并解决了一系列问题，最终治愈了父亲的失明症。

[4] 随行神职人员（chaplain），指依附于军队、医院、监狱、学校等世俗组织内的神父。

相同词根之外，根据他拟定的大量清单［因为"原始和普遍的语言，通过在森纳（Sennar）平原分支以后，分化却不遗失。"］，他甚至发现在他们语言形态方面也有共同的起源。"构成德内语的各种方言只是通过元音的变化来区分，辅音的前缀与希伯来语一模一样。"[24]

面相学、语言、技术、习俗、宗教、神话——对这位多面手神父的狂热精神来说，他不再犹豫：德内人只能是"北极的犹太人"。事实上，这也是他最初想给自己关于这个主题作品起的名字，最后的标题是《北极丹尼特人宇宙观中的神话索引》。[25]这部作品发表于1890年，书中充满着肆意类比和眼花缭乱的学识，而这只能得出幻想式的结论。通过践行他一直重视的方法，他几乎无法总结出自己的研究思路："在四个部分中寻找相同的信仰体系。"[26]


*Nan dugunli. Tchapéwi wékhiéné na-dènè honné-déwa kwotlan ensin*

*tri-tchô l'atradéha rottsen nadéta-yinlé, ittchié itta, inkfwin ttsen. Ekhuyé*

*fwané narwô ittchié itta, wékhiéné yékkiéttcha atti itta. Etaxon ensin tri-*

*tchô édélyel koïtli akhi tri nan elpen adjya; tchon tchô dellé. Etèwékwi wétchanré, akhi kohanzé tri elpen itta tédi nan taré elpen akutchia.*

*Ekhilla Tchapéwi, l'atradéha gunli dessi, éyédi l'akké-inhé narwô ensin, minla xhè trinttchanadey tcho dunè tcho tta triyéyinhè éyini la kron-yéllé, axhé nankkié na nikhié nilla. Kruli kohannéttsen tru naépel itta, ettsendôw xiéni tchô wétsi wékkié t'intt-charadey onkhiékhédetté ninilla la, xiéni xhè taéllé adjia. Fwa gott-sen tchan delléni akhi tru tta tchi kondowéttsen nétchay otarèttsen elpen. Eyitta awondé unli illé nila, nan inkra tséniwen; khulu nan unli illé la anagotti.*[27]

洪水。一位老人撤回到连接北方两片汪洋的海峡。在那里，他独自生活，郁郁寡欢。突然，他听到海湾里传来隆隆声响，仿佛它要升起，溢出地面。老人入睡的时候，暴雨又从天而降，使海水越涨越高，很快就覆盖了这一小片土地。然后，这位老人站起来，用两条腿跨在海峡上。他用宽大的手，将被冲进水里的动物和人捞了出来，并把它们移到了地上。但是水一直在上涨，所以他做了一个巨大的筏子，把每一种动物的雌雄两性都放在上面。在洪水覆盖了整个地球之后，木筏漂浮了起来。雨下了很久，水一直涨到了岩石山顶。情况变得难以忍受，木筏上的所有动物都渴望着土地，但是土地已经消失。

一位匿名讲述者的故事

大熊湖的一名多格里布人

1868 年[28]

☆

到 1868 年，埃米尔·佩蒂托的受迫害躁狂症已经深入骨髓。他不断臆想来自各方的诽谤和死亡威胁，经常将自己置于危险的境地中。他难以预料的行为和毫无根据的指控使他在好望圣母院的同事——让·塞甘和帕特里克·科尔尼，达到了怒不可遏的程度。

他坚信人们在嘲笑他，还想杀了他。在那些年里，他遭受着"神经性疾病"的折磨。当"躁狂症"发作时，他会失去自我控制，然后把自己锁在房间里，不允许任何人进入。他只有进入强烈的愤怒状态后才会离开，这时他就抨击同事并攻击他们，然后独自步行穿过雪地逃走，以至于同事们有时需要给他点颜色看看，即把他锁起来并进行监视。[29]1870 年，让·塞甘报告说，佩蒂托的躁狂症又发作了四次，每一次都"越来越强烈"，其中大部分是在冬季，彼时黑暗笼罩，气温在零下 30 度甚至 40 度左右。塞甘担心这位传教士会"完全失去理智"。[30]

在发病期间，埃米尔·佩蒂托成了一个疯狂的作家，他甚至比平日写得更多，往往会在一种狂热的精神状态下写满数百页。据让·塞甘说：

> 佩蒂托神父又发疯了。他从圣诞节到 1 月 27 日，夜以继日地工作，我想是为了让所有野蛮人的故事与《圣经》吻合。从他不时告诉我们的几个例子中，我们可以判断出这很大程度是无稽之谈。但显然对他来讲，这些就是至关重要的内容。他在我们留下的所有纸张上写满了东西。[31]

在这种状态下，他积攒着关于德内-犹太教（Dené Judaism）的直觉和发现，以至于他有时从结果倒推，好奇他的著作是否由"狂热想象力"所驱动，例如在语言学领域，只是他马上又否定了这个假设：

> 我重拾了德内语的研究。我相信在对这些方言的比较和分析中，我有了一个新奇和重要的发现，它拓展了一个奇妙而广阔的视野。当我从事这项看似枯燥的研究时，我涉及了逻辑学、形而上学和哲学。我认为这不是我想象力的游戏，因为，我远没有绞尽脑汁地寻找我所说的秩序，它通过单词甚至字母的类比就能得到呈现。我将这个实践推到了极限，以确保我没有被狂热的想象力愚弄，而我的看法也越来越得到证实。我目前正在对整个语言所做的完整分析，通过提供的所有词根和字母，证实了这个理论。[32]

埃米尔·佩蒂托通宵达旦地写作。"他在写什么？我不知道"，让·塞甘如此报告。"他所有的文件总是锁着。为了不让人打扰到他，他把自己关在房间里，用门闩锁住。"[33]埃米尔·佩蒂托不信任让·塞甘，他将所有的恶意都归结于让·塞甘，因为他认为这位同事在教会高层那诋毁他（这是事实），或者是怀疑让·塞甘和土著人、梅蒂斯人一起暗杀他。毫不奇怪，这使得埃米尔·佩蒂托把自己隔离在屋内，并隐藏他的所有活动，哪怕是最琐碎的活动。"我怀疑"，让·塞甘继续说道，"他正在撰写一些文本，可能是他所谓的《北极的犹太人》。当我们需要进入他的房间时，他一定会在开门之前把所有的东西都藏起来，只在他面前打开一本书，但我们很容易就听到那些纸张在哗哗作响。"[34]

*In'la tchinkié niguntiyama-trié kkié kkinata-yinlé; akhi l'uétchô trikkié tanémi. "L'uè-tchô s'édintl'a!" yendi tchinkié. Xunésin tra édédétri itta l'uétchiyénétla nila. Trarè dziné wétchôn yé yékendi. Eyi akron tchinkié wétiéẓé inl'asin etsé nila, trinba kkinatsiédédélla; édaxon l'uétchô naxoretti, akhi wétchon rottsen wétchilé dahiyé adi koïtli: "Enba! enba! étin! Kondowéttsèn étriénétti, l'ué-tchô Koji! Wé tchon sé kkié dinkkron," enni. "Ejitta néranitadénihon, enba, l'ué-tchô ttsen né khié-kkiéwé wéttsen naninkka éyixhè djian-kottcha ttsen krasédintpi," éné, adu tsié xhè. Eyitta éttiédékhu wékkié kkiéwé kkéétton ensin l'ué tchô ttsen nayénékka ayhé*

*khiétchinklu uyitron, déti nila. Ekhu tchinkié khié iltchu itta, éyer ottala l'ué tchô nayé nékhu nadli, hétsédi. T'ama nayénékhu, kkatchiné él'aniwô, krulu réna tté la. Eyitta l'ué tchô untlazé binniyé-illé itta, wétché χhè tru nanéyinkka. Eyer ottala tradétcho nétchay anaudjya. Tchi la héni ettsentaré dédétrin, ékhu tékokkié nadékli itta, nan otaélpen nadli. Tchinlkié wé tiézé kkratcho éyi khié la du triyaïnron, déti.*[35]

乔纳斯·德内（Jonas Dené）[1]。一个年轻人在海边行走，这时水面上出现了一条大鱼。"大鱼，把我吞下吧！"年轻人喊道。他纵身跃入海浪，被海怪吞了下去，他在海怪身体里待了三天三夜。与此同时，年轻人的姐姐来到了岸边，不停地哀嚎，为她弟弟残酷的命运感到悲痛。这时，大鱼突然浮现在海面上。从怪物的肺腑深处传来一个声音："噢，姐姐，姐姐，我在大鱼的肚子里是多么悲惨！它的肠子在灼烧我，啊！

---

[1] 乔纳斯这个名字源于希伯来语，此处对应了《约拿书》中被鲸鱼吞噬的先知约拿（jonah）。

我求你，把你的一只鞋扔给大鱼，用手握住鞋带，把我拉出去。"于是，女孩解开了她的一只鞋，把它扔向怪物，手里拿着长长的鞋带。大鱼张开巨口吞下了那只鞋，年轻人立即抓住了它，姐姐就拉拽鞋带。怪物把她的弟弟吐到了岸上，弟弟九死一生，但好在安然无恙。怪物看到它的猎物逃跑，非常生气，它用尾巴猛烈地击打海面，使巨浪涌起。海面像山一样升起，又落回地平线，直至把大地吞没，淹没了一切。只有那两个年轻人得救了。

故事由萨克拉内特拉沃特拉（Sakranetrawotra）

一个多格里布人讲述

1864 年 6 月 30 日 [36]

☆

伊西多尔·克鲁特（Isidore Clut）主教在前往好望堡核实让·塞甘的指控时，证实了后者对埃米尔·佩蒂托的怀疑。

在去年冬季的狂躁病情后，他一整个月都在写古怪的事情，笔不停歇。他的写作通过将《圣经》和犹太人后裔——德内人糅合的方式，对野蛮人的故事进行冗长的评述。他把所有东西都锁起来，但我能够瞥见他写的零星段落和他日记的部分内容。他现在写到第四十三章了。假以时日，我担心他会发表一些令我们传教士感到遗憾的作品。[37]

几个月后，主教在无玷圣母献主会的一期年刊上发现了埃米尔·佩蒂托以偏执语气发表的信件，随即向大主教解释了为什么他的信件不应该再被出版：

这位神父写了很多不准确的东西，错误的解释，等等，不幸的是，这些都被翻印了。他有一本很厚的杂志和三卷册关于印度传统的书。在他不知情的情况下，我只能读到一些段落，但我已经心知肚明，我恳求你们千万不要让他出版这些作品。还有其他一些难以启齿的事情，是他在1871年的两次疯癫期间写的，解释起来要花很长时间。他把一切都锁起来了。塞甘神父说，自

1868 年以来，亲爱的佩蒂托神父就一直精神失常。[38]

显而易见，对伊西多尔·克鲁特来说，"佩蒂托神父对印第安人的起源、传统和语言根源所做的研究是他发疯的原因"，他最担心的是，这位传教士会把他的研究发表出来。[39]

如果这样的作品出版，对我们的传教士和教徒来说将是巨大的不幸，因为从我在佩蒂托神父不知情的情况下读到的段落来看，他并不打算向任何人展示他的作品，他在作品中叙述了他的谵妄和痴梦。他写下了他在病情期间想象到的一切。它读起来像《一千零一夜》里的故事，这足以让人对他产生怜悯之心。[40]

☆

*Tchapévi nné navési kotlan sin, dunié l'atcho nné tadinni ttsen nago-dévi-yinlé. Ekhu éyet ttasin inkhulé, inwulédé nétcha-tchôyavési yinlé. "Alla dintoré tru naxiékké-inron nidé, tédi niyé kké dévité-woléni aëkranon," akhétiyinlé. Eyédi kottsen niva-illé denkroni gunl'i, déti. Akhu niyé kontonné ya ttsen niva-illé tavéhon, ensin, xunédi chiéyigé dunié kkètséklu*

*koïtli, ékra atséti koïtli: "Ekhulla naxiéxétié l'ékkèttcha akhintténaxié,*

*kotéyé éten aguntté," akhu-tséti. Dunié ttsékhédatl'a, dadégé khu adjya.*

*Enttey la, dékroni gunl'i, déssi, dunié vinan dadékfwé, éyini khé yadikkron*

*xhè kratatl'a adja, pfé yadétral, chi éhkkènél'é xu kkron tchô gottsen*

*kradatl'a; ékhu gottsen gul'a-akutchia éyi kokl'aë ontrié tcho intrenyédé*

*niwéha. Ekhu duniékhé yakodédjié ensin él'attsen-khédétié, axodéyoné ti*

*gokké tiéatié. Eyédi kottsen, déti, dunié l'ékhéuvéppuon illé.*[41]


山的坍塌；抑或语言的演化。所有的人都躲在一片高地上，在这座山上建造了一个圆筒状的东西。形状像是一顶大礼帽，又大又突兀。人们说："如果洪水再次淹没大地，我们就在这个高大的堡垒中避难。"煤矿在这个巨型石管附近燃烧。他们在高处建好堡垒后，突然听到山那边传来可怕的声音，讥笑着他们，"你们的语言已经不一样了，你们的语言已经全部被改变！"对面阴笑着说道。人们因为惊吓而不知所措，在畏惧之中战战兢兢。

与此同时，四周冒着浓烟的煤矿突然起火，伴随着岩石爆炸，山体开裂，喷射出巨大的火焰。随后，煤矿在震耳欲聋的撞击声中轰然倒塌，徒留一片广阔的荒凉平原，上面布满了冒烟的碎片。人们瞠目结舌，充满了恐惧，只是成群结队地向四处散去，再也无法理解彼此。

德内人酋长泰蒂沃特拉（Tétiwotra）讲述的故事

他以声音洪亮而著称，1869 年 [42]

☆

在长岬精神病院，埃米尔·佩蒂托明白，他的研究和惹人厌烦的本性是被扣留的主要原因。"主教向我承认，大家最担心的就是我的作品。难道他们害怕见到光明吗？"[43] 在解除了教会职位之后，他设法出版了部分回忆录，但自 1894 年以来一直准备印刷的最后两卷却从未付梓，这些最终在他去世后与他大部分的论文一起烧毁了。[44] 这位前传教士觉得有必要自我辩护，因为他的教会会众及巴黎的批评家都指责他在瞎写：

读者在我的这些作品中不会发现连篇的戏剧性

和惊心动魄的情节，旅行作家试图把这些情节作为真实的描述呈现给公众。有人说，在本卷书里，我已经搜集了太多令人痛心的事实，如残暴的杀婴、遗弃和吃人的场面，可以按照古斯塔夫·艾玛德（Gustave Aymard）那些出版野蛮人的小说风格再写五部，如果我甚至知道如何写这种东西的话。[45] 但是发表这种言论的批判家忘了我是一个报告旅行状况的传教士，而不是为了写小说编造故事的作家。从品味和性质上讲，我反对小说的写法，且一直喜欢历史。至于那些做出更多恶意影射，试图否认我工作和旅行，甚至我身份的人，谁又会相信他们呢？我别无选择，只能用彻底的蔑视来批驳他们。我有着足够的文献来回答那些嫉妒的人，我的著作将经得起任何审视。[46]

然后他发起了激烈的辩护，首先将他的书和当时流行的以美国西部红种人为主题的小说进行了合理区分（他也许是一个反小说者，但这并不妨碍他在关于因纽特人的书《伟大的爱斯基摩人》中想象出一些极佳的篇幅）。他继续挑战和嘲讽对加拿大极北地区一无所知的法国批评家，最后谴责那些恶意、卑鄙、嫉妒的人，这些人试图让他和他的作品消失。1893年，埃米尔·佩蒂托在马瑞尔-莱莫为《回忆录》第四卷的序言写下了这些文字，看来他从蒙特利尔的精神病院出院后的十年里，受迫害躁狂症没有丝毫减弱。

☆

尽管有来自天主教高层的威胁和持续反对，埃米尔·佩蒂托还是设法出版了他的一些作品，大多由昙花一现的巴黎报商出版。他的每一卷回忆录都交给了不同出版社，这些出版社在作品出版后不久就关闭了业务。因此，这位前传教士似乎很难获得作者的版税收入。[47] 他的上级最担心的是他坦白"特殊友谊"或者表现出狂热和恐惧，而不是对北极犹太人的论述——早些时候他们认为这些论述有足够的根据，可以在他们的年鉴中发表数年之久。然而，他们对佩蒂托不断寄来的文章渐渐产生了排斥。自1870年以来，在鼓励他继续研究的同时，年鉴的编辑部也变得更加谨慎：

我们正在跟进佩蒂托神父关于蒙塔涅人的一项研

究。我们无权对我们同仁所支持的观点或他所引用的论据做出判断。我们能做的是鼓励他进行这项有趣的研究，毕竟他在进行这项研究的同时，还怀着赤诚的热情进行着最困难的传教工作。我们已经注意到，并将继续将这项研究的结果记录为有价值的数据，其他观察结果可能会在未来证实或修改。读者不会忽视这样一个事实，即佩蒂托神父本人保持着一种有分寸的批判性视角：正如他所说，他并非给我们提供一个他认为无可争议的完整论题，而只是一项研究，一个可以用来开始讨论的系列记录。[48]

七年后，编辑们甚至更有保留。尽管修道士们认为埃米尔·佩蒂托在南锡第一届美洲学者大会上的即兴演讲非常成功，但他的论点非常武断，以至于破坏了逻辑和实证主义的自由思想原则。[49] 现在附于他一篇论文上的编辑评论，通过强烈的暗示表达了更明显的疏离。

　　我们将佩蒂托神父的作品作为报告发表，而不是作为已经证明的事实。我们相信，通过新大陆最偏远民族的传说来调查圣经传统的痕迹是有价值的，这就是为什么我们欣然赞许这位辛勤同事的研究。然而，我们把责任留给他，让他对自己观察和从中得出的结论负责。如果我们可以发表意见，在我们看来，作者将两者的关系糅合得过于紧密。我们对这一问题有着充分的保留，但我们还不具备中止这项研究所需的学术能力。[50]

后来，在同一篇文章的脚注中，他们指出：

如果我们认为犹太民族历史的细枝末节不太可能以寓言的形式，在另一个民族的记忆中如实地传承下去，而这些寓言又是如此的抵牾，并夹杂着这么多荒谬的反常之处，请原谅我们亲爱的同事。在这一点上，当无知和幻想得到自由发挥时，我们似乎很难相信一个口述传统会在五十年或五十里格[1]的距离内被

---

[1] 里格（league）是一个旧时的长度单位，相当于3英里的距离。

识别出来，甚至还要发现这些微小的细节。也许我们甚至无法在一个部落中找到两个以相同方式报告的人。如果是这样的话，我们可以通过这些细微事实，在如此长的时间跨度后，在历史和寓言的重合中得出什么结论呢？如果作者的论点是真实的——我们愿意相信它——我们认为传说应该只提供它本来的内容：或多或少改变后的历史大事的记忆。[51]

尽管在十九世纪后半叶，原住民中的希伯来人起源论点仍在教皇至上的天主教徒中被捍卫〔另一位传教士阿德里安-加布里埃尔·莫里斯（Adrien-Gabriel Morice）在下个世纪初仍然为其辩护〕。这时，它已经被人类学家、语言学家和历史学家抵触。当编辑们说埃米尔·佩蒂托走得"太远"时，他们所批评的是神父的研究方法。他所指出的联系不切实际，没有充分考虑文化传播的历史和环境情况。这位传教士的研究方法假借追寻真理之名，逐渐导致了一种高谈阔论的推理形式，违背了所有的常识原则。

当时的教授们也不再吝啬批评埃米尔·佩蒂托的作品。

1884 年 3 月，佩蒂托在巴黎人类学会的一次会议上发表了关于原住民起源的演讲后，学会成员都抗议"反对滥用词源学来推导带有建构色彩的移民历史，这只会导致错误的结论"——学者们对此达成一致判断，即明确这位前传教士已被逐出了主流学者的圈子。[52] 自此，佩蒂托名誉扫地，自由思想的原则重整旗鼓。

四年后，诺曼底地理学会的创始人加布里埃尔·格雷维尔（Gabriel Gravier）在对埃米尔·佩蒂托的《伟大的爱斯基摩人》一书的长篇评论中，简要指出了这位传教士因无知而忽视的认识论问题——这个框架在彼时已经成为科学界的共识——这位地理学家通过在其言论中加入激进的无神论来回顾了这一点。

虽然古生物学发现了因空间特别是时间而相隔甚远的种族之间存在家族特征（family traits），但地质学认为，我们对早期的陆地变迁还认识不清，我们对远古的地理环境了解甚少，我们不过是处于人类迁徙历史上的初始阶段。我们承认佩蒂托先生的作品具有非常实际的价值，他写得很有才华，很坦率，很幽默，但我们对他关于爱斯基摩人亚洲起源的暗示提出了最明确的保留意见，这种暗示使我们回到了那些虚构的创世记故事，而这些故事的最高目的一直是使人类受到束缚和奴役。[53]

这些评论与埃米尔·佩蒂托关于原住民传统的最后一本书——他的《北极丹尼特人宇宙观中的神话索引》的出版一致。在《传统》一书中，亨利·卡诺伊（Henry Carnoy）写了一篇充满疲惫的评论，指出："佩蒂托神父搞文字游戏，玩弄词源学，认为印第安人是希伯来人的后代。在目前的考古学中，红种人的亚洲起源问题仍属于争议之中。但就他们的传统而言，我们无法得出任何论据，因为人类学领域的工作已经证明，所有人类的民俗传统都存在普遍相通之处。[54]阿尔伯特·雷维尔（Albert Réville）在为《宗教史评论》点评这本书时说，它采用了"一种很少被学者接受的总体性神话理论"。他以困惑的口吻总结道："至关重要的是，我们使用的逻辑乐器和佩蒂托的乐器所演奏的声音不符。两者被调到了不同的音调上，恐怕我们永远无法让它们相互调和。"[55] 因此，这些评论都以傲慢和讽刺态度为标志，专门批评那些容易被认为是边缘性的作品。埃米尔·佩蒂托的业余和自学的做法被批判家们反复指出，其远远落后于当代人类学议题的应有研究状态。在巴黎的舞台上，他已经成为一个被"狂热想象力失常"所控制的疯狂科学家，这种想象力已经无所不用其极。[56]

然而，埃米尔·佩蒂托的工作在许多方面都很特别。这位传教士痴迷于证明德内人的犹太血统，正如我们将看到的那样，这种痴迷使他进一步陷入了精神错乱，他觉得必须对所住地原住民语言和口头传统进行深入研究。他利用最初回法国的机会，负责编制了一本篇幅巨大的德内语词典，他在其中描述了不少于三种德内语方言（齐佩瓦语、哈雷斯基语和哥威迅语），其中还包括"同一语言的七大方言的大量专用术语"[57]。这项繁杂的语言学工作之所以能够完成，不仅是因为他学习语言的"轻而易举"，还因为他对希伯来语词根长期、疯狂的探索。

虽然他并非第一个出版原住民语言词典和语法的传教士，但他在出版神话故事方面却在那个年代属于翘楚。在他自己的倡议下，出于语言学需要和寻找《圣经》相似之处的考虑，他直接收集德内人的叙述，用他们的语言转录，然后以直译和意译的形式呈现。这项工作包括许多德内人的讲故事者，包括黄刀人（Yellowknives）[1] 的秦奈耶（Tsinnayé）和泽帕赫（Tsépakhé）、哥威迅人的薇托德（Vitoedh）和图杜勒阿泽（Toudhouléazé）、多格里布人的耶塔内特（Yéttanétel）和萨克拉内特拉沃特拉（Sakranétrawotra）、齐佩瓦人（Chipewyan）[2] 的老瞎子埃库内耶尔（Ekounélyel）以及哈雷斯基人的萨满利泽特·哈乔提。[58]

埃米尔·佩蒂托在两本书中出版了这一宏伟的文集，一本是为语言学家准备的，由沙朗西（Charencey）伯爵资助（巧合的是，他其中一个名字就叫亚森特），另一本是为有修养的读者所准备，献给瓦蒂梅尼尔侯爵夫人，大家可

---

[1] 加拿大的原住民，主要分布在加拿大西北地区。
[2] 齐佩瓦人（Chipewyan、Chippewayans）是说阿萨巴斯卡语的原住民，分布于加拿大西部地区。

能记得，她在巴黎慈善集市的大火中离开人世。[59] 诚然，他不可理喻地写道："巴比伦的《塔木德》[1]信仰者的精神似乎主导了他们对传奇的写作"，并认为他提供给法国读者的作品是一种北美的《密释纳》[2]，"因为它们与希伯来人的书籍关系密切"。[60] 然而，在我看来，这些作品表现出一个民族志学者开始不满足于归纳土著人的口头传统，而是选择记录原始文本的复杂性，尽可能摆脱收集者的意识形态，允许它被无休止地重新翻译和阐释。除了一位文献综述编者认为他是弗朗茨·博厄斯（Franz Boas）[3]的先驱之外，埃米尔·佩蒂托作为转录者和翻译者的工作几乎完全被遗忘了。[61] 我认为他是第一个将口头传统准确、诚实地转变成书面作品作为民族志必要条件的学者，这是任何客观研究土著知识的基本条件。

因此，我坚定地认为自己关于土著口头传统的民族学

---

[1]《塔木德》（Talmud）是犹太教口传律法集，为仅次于《圣经》的经典。
[2]《密释纳》（Mishnah）是犹太教的经典之一，是《塔木德》的前半部和条文部分。
[3] 弗朗茨·博厄斯（1858—1942年），美国人类学家，现代人类学的先驱之一。

作品，特别是我对亚马逊沙拉纳瓦（Sharanahua）人[1]萨满教咒语的转录和翻译，是对他开创性工作的久远而尊敬的传承。当然，这引发了关于语言人类学，特别是我的工作涉及的谵妄、躁狂和幻想的起源问题。

---

[1] 沙拉纳瓦人生活在里普鲁斯河上游，主要分布于秘鲁地区。

图 5　埃米尔·佩蒂托穿着德内人的衣服在加拿大蒙特利尔 L. E. 德斯马莱斯的摄影工作室，无日期（1874 年？）。照片由加拿大黎塞留的德沙特莱档案馆提供。

图 6 1862 年至 1873 年埃米尔·佩蒂托考察因纽特人的示意图，根据朱尔斯·安德烈·阿瑟·汉森（Jules André Arthur Hansen）在《地理学会公报》里的叙述。© Zones sensibles

# 注　释

1　埃米尔·佩蒂托，《在通往冰冷大海的路上》(巴黎：Letouzey & Ané 出版社，1888 年)，第 12 页。

2　埃米尔·佩蒂托，《在通往冰冷大海的路上》(巴黎：Letouzey & Ané 出版社，1888 年)，第 12—13 页。

3　埃米尔·佩蒂托，《在通往冰冷大海的路上》(巴黎：Letouzey & Ané 出版社，1888 年)，第 13—14 页。

4　埃米尔·佩蒂托，1863 年 9 月，《无玷圣母献主会的传教活动》第 23 卷 (1867 年)：第 370—371 页。

5　克劳德·尚帕涅，《加拿大西北部宣教的开始：维塔尔·格兰丁主教的宣教和教会》，OMI 综合档案馆，1829—1902 年 (渥太华：圣保罗大学出版社，1983 年)，第 83 页。

6　埃米尔·格鲁瓦，《回忆我在阿萨巴斯卡-麦肯齐的六十年传教生涯》(里昂：Œuvres Apostoliques 出版社，1923 年)，第 143 页。

7　皮埃尔-让·德·斯梅 (Pierre-Jean De Smet)，《关于俄勒冈州的领土和使命的说明》(布鲁塞尔：教育图书馆出版办公室，1847 年)，第 171—180 页；另见于丹尼斯·加尼翁 (Denis Gagno) 和林恩·德拉佩奥 (Lynn Drapeau)，《天主教圣梯是基督教和美洲印第安人本体论宗教混合的例子》，《宗教研究》，第 44 卷，第 2 期 (2015 年)，第 178—207 页。

8　埃米尔·佩蒂托，《加拿大西北部的印第安人传统：原始文本和直译》(阿朗松：E. Renaut de Broise 出版社，1887 年)，第 93、98 页。

9　埃米尔·佩蒂托，《加拿大西北部的印第安人传统：原始文本和直译》(巴黎：Maisonneuve 出版社，1886 年)，第 112、108 页。

10　吕克·波尔坦斯基，《谜语和阴谋》(巴黎：Gallimard 出版社，2012 年)。

11　埃米尔·佩蒂托，"蒙塔涅民族研究"，《无玷圣母献主会的传教活动》第 24 卷 (1867 年)，第 490—491 页。

12　埃米尔·格鲁瓦，《回忆我在阿萨巴斯卡-麦肯齐的六十年传教生涯》(里昂：Œuvres Apostoliques 出版社，1923 年)，第 143 页。

13　埃米尔·佩蒂托，《大湖周围》，第 98 页。

14　埃米尔·佩蒂托，"爱斯基摩人"，《国际美洲学者大会论文集》，卷 1 (南锡：Gustave Crépin-Leblond 出版社，1875 年)，第 330 页。

15 埃米尔·格鲁瓦，"佩蒂托和格鲁瓦在南希的大会上"，《无玷圣母献主会的传教活动》第 51 卷（1875 年），第 397—419 页。

16 埃米尔·佩蒂托，《探险》，第 150 页；佩蒂托致雷伊（Rey）的信，好望堡，1870 年 5 月 10 日，《无玷圣母献主会的传教活动》第 36 卷（1871 年），第 372—375 页。埃米尔·佩蒂托，"德内人"，《国际美洲学者大会论文集》，卷 2（南锡：Gustave Crépin-Leblond 出版社，1875年），第 26—37 页。

17 埃米尔·佩蒂托，《加拿大西北部的印第安人传统：原始文本和直译》（阿朗松：E. Renaut de Broise 出版社，1887 年），第 266—267 页。

18 埃米尔·佩蒂托，《加拿大西北部的印第安人传统：原始文本和直译》（阿朗松：E. Renaut de Broise 出版社，1886 年），第 274—277 页。

19 埃米尔·佩蒂托，"蒙塔涅民族研究"，《无玷圣母献主会的传教活动》第 24 卷（1867 年），第 505—506、508 页。

20 编者，《历史和文学的批判性评论：每周文摘》第 31 卷，第 13 期（1891 年 3 月 30 日）：n.p.

21 埃米尔·佩蒂托，《大湖周围》，第 110—111 页。

22 埃米尔·佩蒂托，"普罗旺斯回忆录"，未发表的手稿（加拿大黎塞留：德沙特莱档案馆）。

23 佩蒂托致雷伊的信，好望堡，1870 年 5 月 10 日，《无玷圣母献主会的传教活动》第 36 卷（1871 年），第 372—375 页。

24 埃米尔·佩蒂托，"德内人"，第 16 页；佩蒂托致雷伊的信，好望堡，1870 年 5 月 10 日，《无玷圣母献主会的传教活动》第 36 卷（1871 年），第 375 页。

25 埃米尔·佩蒂托，"来自同一作者，正在准备"，途中。n.p.

26 埃米尔·佩蒂托，《大湖周围》，第 306—307 页。

27 埃米尔·佩蒂托，《加拿大西北部的印第安人传统：原始文本和直译》（阿朗松：E. Renaut de Broise 出版社，1887 年），第 307—308 页。

28 埃米尔·佩蒂托，《加拿大西北部的印第安人传统：原始文本和直译》（阿朗松：E. Renaut de Broise 出版社，1886 年），第 317—318 页。

29 埃米尔·佩蒂托，好望圣母院，1868 年 2 月 29 日，《无玷圣母献主会的传教活动》第 31 卷（1869 年），第 310 页。另见于塞甘致弗洛依德的信，好望圣母院，1870 年 7 月 25 日；埃米尔·佩蒂托，好望圣母院，1869 年 7 月 30 日，《无玷圣母献主会的传教活动》第 34 卷（1870 年），第 208—209 页。科尔尼致弗洛依德的信，好望圣母院的使命，1870 年 9 月 8 日；塞甘致克鲁特的信，好望堡，1871 年 1 月 24 日，引自克鲁特致法布尔的信，圣诞布道团（Nativity Mission），1871 年 5 月 14 日；埃纳德（Eynard）致弗洛依德的信，天意布道团，1872 年 3 月 24 日；塞甘致弗洛依德的信，好望圣母院，1877 年 7 月 2 日（除非另有说明，这里引用的所有信件都位于德沙特莱档案馆）。

30 塞甘致弗洛依德的信，好望圣母院，1870 年 7 月 25 日（德沙特莱档案馆）。

31 塞甘致弗洛依德的信，好望圣母院，1877 年 2 月 9 日（德沙特莱档案馆）。另见于塞甘致法布尔的信，好望圣母院，1871 年 5 月 25 日（OMI 总档案馆）。

32 塞甘致弗洛依德的信，好望圣母院，1868 年 1 月 31 日（德沙特莱档案馆）。

33 塞甘致弗洛依德的信，好望圣母院，1872 年 7 月 27 日（德沙特莱档案馆）。

34 塞甘致弗洛依德的信，好望圣母院，1868 年 7 月 27 日（德沙特莱档案馆）。

35 埃米尔·佩蒂托，《加拿大西北部的印第安人传统：原始文本和直译》（阿朗松：E. Renaut de Broise 出版社，1887 年），第 309—310 页。

36 埃米尔·佩蒂托，《加拿大西北部的印第安人传统：原始文本和直译》（阿朗松：E. Renaut de Broise 出版社，1886 年），第 319—320 页。

37 克鲁特致弗洛依德的信，好望堡，1872 年 1 月 2 日（德沙特莱档案馆）。

38 克鲁特致法布尔的信，圣迈克尔布道团，雷堡，1872 年 5 月 20 日（德沙特莱档案馆）。

39 克鲁特致法布尔的信，圣迈克尔布道团，雷堡，1872 年 5 月 20 日（德沙特莱档案馆）。

40 克鲁特致弗洛依德的信，育空堡，1873 年 8 月 1 日，引自克鲁特给萨尔杜的信，4 月 1 日（Deschâtelets 档案）。另见于克鲁特致弗洛依德的信，天意布道团，1873 年 11 月 14 日（德沙特莱档案馆）。

41 埃米尔·佩蒂托，《加拿大西北部的印第安人传统：原始文本和直译》（阿朗松：E. Renaut de Broise 出版社，1887 年），第 324—325 页。

42 埃米尔·佩蒂托，《加拿大西北部的印第安人传统：原始文本和直译》（阿朗松：E. Renaut de Broise 出版社，1886 年），第 332—333 页，在其中埃米尔·佩蒂托补充说："这个传说显然将文字混乱，古老流传的记忆与一个更近事件的记忆混合在了一起，一次可怕的火山喷发，伴随着发生在距太平洋不远的美洲科迪勒拉山西部的崩塌。"

43 佩蒂托致他妹妹福图妮的信，长岬精神病院，1882 年 2 月 25 日（德沙特莱档案馆）。

44 埃米尔·佩蒂托，《高卢人的起源和迁徙，直到法兰克人的出现》（巴黎：J. Maisonneuve 出版社，1894 年），第 4 页；萨沃伊致奥利维尔，渥太华，1976 年 10 月 20 日。

45 古斯塔夫·艾玛尔是许多流行小说的作者，其中包括：《阿肯色州的捕快》（1858 年）、《太阳之子》（1879 年）和《亚利桑那强盗》（1881 年）。他于 1883 年在圣安妮医院实习时去世。

46 埃米尔·佩蒂托，《探险》，第 5 页。

47 雷吉斯·贝特朗（Régis Bertrand），"埃米尔·佩蒂托：法国（1883—1886）和马雷尔雷莫（1886—1916）的治疗"，《布里和莫城历史与艺术评论》第 26 期（1975 年），第 67 页。

48 编者，"麦肯齐的使命"，《无玷圣母献主会的传教活动》第 35 卷（1870 年），第 270 页。

49 埃米尔·格鲁瓦，"佩蒂托和格鲁瓦在南希的大会上"。

50 埃米尔·佩蒂托，"与摩西和希伯来人的故事相一致的六个美洲传说"，《无玷圣母献主会的传教活动》第 60 卷（1877 年），第 586 页。

51 埃米尔·佩蒂托，"与摩西和希伯来人的故事相一致的六个美洲传说"，《无玷圣母献主会的传教活动》第 60 卷（1877 年），第 692 页。

52 埃米尔·佩蒂托，"关于加拿大红种人的栖息地和波动"，《巴黎人类学会的公报和备忘录》第 7 卷（1884 年），第 223 页（讨论）。

53 加布里埃尔·格雷维尔鲁昂，《佩蒂托神父在伟大的爱斯基摩人之中》（罗恩：Espérance Cagnard 出版社，1888 年），第 34—35 页。

54 亨利·卡诺伊，"对埃米尔·佩蒂托所著《北极丹尼特宇宙观中的神话索引》的评论"，《传统》第 5 卷（1891 年），第 95 页。

55 亨利·卡诺伊，"对埃米尔·佩蒂托所著《北极丹尼特宇宙观中的神话索引》的评论"，《传统》第 5 卷（1890 年），第 223—224 页。

56  佩蒂托致法布尔的信，好望圣母院，1866 年 9 月 12 日（OMI 综合档案库）。

57  埃米尔·佩蒂托，《德内语词典》（巴黎：E. Leroux 出版社，1876 年）。

58  见于埃米尔·佩蒂托，《加拿大西北部的印第安人传统：原始文本和直译》（阿朗松：E. Renaut de Broise 出版社，1887 年）。另见于埃米尔·佩蒂托，《大湖周围》，第 108 页。

59  分别见于埃米尔·佩蒂托，《加拿大西北部的印第安人传统：原始文本和直译》（阿朗松：E. Renaut de Broise 出版社，1887 年）和《加拿大西北部的印第安人传统：原始文本和直译》（阿朗松：E. Renaut de Broise 出版社，1886 年）。

60  埃米尔·佩蒂托，《北极丹尼特人宇宙观中的神话索引》，第 20 页；埃米尔·佩蒂托，《加拿大西北部的印第安人传统：原始文本和直译》（阿朗松：E. Renaut de Broise 出版社，1886 年），第 8 页。

61  拉尔夫·莫德，《英属哥伦比亚印第安人神话和传说指南》（温哥华：Talonbooks 出版社，1982 年）。

第三章

预言的狂热：对末日的期盼

1644 年在阿姆斯特丹市，葡萄牙裔犹太教徒安东尼奥·德·蒙特西诺斯（Antonio de Montezinos）发表了一篇奇特的报告，引来犹太人和基督徒在内的众多学者瞩目。他在南美洲旅行时，在基多（Quito）[1]发现了西班牙人对原住民的压迫，他们不得不屈服于"残酷、暴虐和惨无人道"的对待。这位商人是一名犹太教徒[2]，被西班牙国王强迫成为基督徒，但暗中恪守着他祖先的教规。他在卡塔赫纳（Cartagena de Indias，现属哥伦比亚）被天主教法庭逮捕和囚禁，在那里他得到了启示："这些印第安人就是希伯

---

[1] 基多是南美洲国家厄瓜多尔的首都，位于该国北部。
[2] 这里的犹太教徒（Jewish converso）是指在西班牙或葡萄牙皈依天主教的犹太人，特别是在 14 世纪和 15 世纪时期的皈依者及其后裔。

来人！"[1]

　　作为一名皈依教徒，他与美洲原住民有类似的受压迫经历，这一定是他得到启发的主要因素。出狱以后，安东尼奥·德·蒙特西诺斯在卡塔赫纳（今哥伦比亚）以南的科迪勒拉森林中进行了一次探险，寻找隐匿的希伯来人。在森林深处的马格达莱纳（Magdalena）河畔，他最终发现了一群土著人，他们皮肤略微黝黑，身材高大英俊，举止洒脱，长发有时齐到膝盖。与周围的其他民族不同，他们告诉蒙特西诺斯只有他们才是亚伯拉罕、以撒、雅各布和以色列的子孙。这位马拉诺（Marrano）[1]商人和他们待了三天，他们向他讲述了自己族群的故事，充满着对其他土著人及异教巫师的冲突。当蒙特西诺斯获得他们的信任后，他们向他讲述了一个预言：

　　　　以色列子民的上帝才是真正的上帝，他们石碑上

---

[1] 马拉诺（Marrano）指居住在伊比利亚半岛的西班牙和葡萄牙犹太人，他们在中世纪皈依或被迫皈依基督教，但仍秘密地继续信奉犹太教，与上文的犹太教徒（Jewish converso）含义相同。

所写的一切都是真理。在世界末日后，他们将成为所有国家的主人。人们将来到这个国家给予你许多礼物，当所有的土地都充满了财富时，这些以色列子民将离开他们的隐居地，成为整个世界的主宰，从而恢复他们最初的主权。[2]

在美洲发现以色列人的惊人消息很快传播到阿姆斯特丹的犹太社区，激起了他们的济世热情。最后的失落部族终于在雨林中被找到了，很快犹太民族就会恢复其"世界主人"的地位。玛拿西·本·以色列（Menasseh ben Israe）[1]被要求对这一说法的真实性表明立场。在研究了探险家和传教士的报告，以及《圣经》和犹太教传统后，他证实了这一说法的准确性。在1650年出版的《以色列的希望》一书中，他追溯了失落部族的迁徙过程，并得出结论：如果蒙特西诺斯的确遇到了犹太人，其他原住民就更可能是鞑靼人

---

[1]　玛拿西·本·以色列（1604—1657年），是一位葡萄牙犹太教拉比（Rabbi）、学者、作家。

的后裔。与"生活在西印度群岛的西班牙人"普遍接受的信念不同，对他们来说，所有"印第安人都来自十个部族"，本·以色列提出了美洲双重移民的理论，这一观点在两个世纪后的摩门教[1]中也有发现。3

然而，对玛拿西·本·以色列来说，最重要的是蒙特西诺斯所报告《圣经》中被许多先知证实的预言：世界末日快要来临，届时以色列人民在经历了许多苦难之后，很快就会恢复他们应有的地位，分散在世界各地的十二个希伯来部族将聚集在一位王子的权力之下，他就是大卫之子弥赛亚（Messiah）[2]，通过建立一个世俗和宗教合一的君主制，他将实现世界的和平。4

弥赛亚式的希望是"玛拿西思想和生活的标志"，它将意外地与基督教千禧年（millenarianism）[3]的一种形式汇合，

---

[1] 摩门教是一系列文化上相近的几个后期圣徒运动（Latter Day Saint movement）宗派的合称，在基督教中自成一派。

[2] 在犹太教中，弥赛亚被认为是一位伟大的、有魅力的领袖，他将成为未来的犹太国王，并在弥赛亚时代统治犹太人。

[3] 基督教教义用语，指在世界末日来临之前，基督将亲自为王统治世界一千年。在这期间，信仰基督的圣徒将复活，魔鬼消失，福音传遍世界。随后一千年，魔鬼将再次出现，扰乱世界，最后带来世界末日。

这种形式在十八世纪中期对彗星、战争、侵略和叛乱的世界末日解释下不断深化。[5] 这种新的千禧年主义基于对《旧约》的特殊解读，特别是关于《但以理书》中的异象，预言了"第五王国"（Fifth Monarchy）[1]的到来和圣徒的必然统治。它对犹太人采取了一种新的态度：他们被认为掌握着建立王国的密钥，因为在他们返回圣地之前，末世无法来临，在那里他们最终将得到团聚。[6]

随后，基督教和犹太教学者在这种共同的弥赛亚主义（messianism）[2]基础上进行了交流，使得人们对以色列失落部族的位置问题重拾兴趣。玛拿西·本·以色列应新教千禧年主义者的要求写了《以色列的希望》，他们听说过安东尼奥·德·蒙特西诺斯的叙述——其中包括苏格兰人约翰·杜里（John Dury）（认定世界末日将在1655年发生）和英国神学家纳撒尼尔·霍姆斯（Nathaniel Holmes）（其支持重新接

---

[1] 源于《圣经》中的预言：第五王国将在巴比伦王国、波斯王国、希腊王国和罗马王国之后出现，基督开始在地球上的一千年统治。
[2] 弥赛亚主义是对作为人类救世主的弥赛亚降临的信仰，在犹太教中，弥赛亚将是大卫家族的未来犹太国王，也是犹太人和人类的救赎者。

纳犹太人进入英国）。本·以色列谨慎地忽略他与基督徒的主要分歧，后者认为敌基督者[1]的覆灭和所有犹太教信徒皈依基督教，乃是弥赛亚降临不可或缺的先决条件。[7]

☆

历史学家理查德 H. 波普金（Richard H. Popkin）表明，从这些交流开始，那些试图证明当代美洲原住民具有犹太血统的理论，都在基督教世界中得以支持后，变得带有弥赛亚主义的色彩。这些北美民族的皈依无异于以色列最后失落部族的回归，这是末日临近的标志。这种弥赛亚的语气风靡于各种书籍：托马斯·索罗古德（Thomas Thorowgood）[2]的《美洲的犹太人，或美洲人属于该种族的可能性》（1650 年），与新英格兰地区原住民的首次皈依有关。詹姆斯·阿戴尔（James Adair）[3]的《美洲印第安人的历史》（1775 年）和埃利

---

[1] 敌基督者（Antichrist），指的是《圣经》预言的反对耶稣基督者，他们将在基督第二次降临之前取代耶稣基督的位置。
[2] 托马斯·索罗古德（1595—1669 年），是英国清教徒神父和传教士，他于 1650 年首次提出了美洲印第安人是以色列失落十部族后裔的观点。
[3] 詹姆斯·阿戴尔（1709—1783 年），爱尔兰人，他曾前往北美成为原住民的贸易商人。

亚斯·布迪诺（Elias Boudinot）[1]的《西部之星，抑或为发现失落已久的以色列十部族及准备返回圣地耶路撒冷的微薄努力》（1816年），当时伴随着美国独立战争的千禧年热潮；以及处于约瑟夫·史密斯（Joseph Smith）[2]通过著名的《摩门教》（1830年）正建立一个新的宗教之时。[8]

尽管埃米尔·佩蒂托在提出德内人的犹太起源理论时，对这个千禧年的传统一无所知［他对前人的几处提及，都先于玛拿西·本·以色列，且似乎来自米格纳（Jacques Paul Migne）[3]修道院院长1844年至1846年所写的一卷百科全书］，他也并不理解所发现的末世论的严重性。[9]因为如果这些遥远的原住民是犹太人（这点他深信不疑），那么这位传教士通过一种相当个人化的方式翻译《申命记》（30∶4）[4]来推断："犹太人的皈依将在这里发生，而不被世人所知，圣

---

[1] 埃利亚斯·布迪诺（1802—1839年），美国作家、报刊编辑。
[2] 约瑟夫·史密斯（1805—1844年），美国宗教领袖和后期圣徒运动的奠基人。
[3] 雅克·保罗·米格（1800—1875年），是一位法国神父，他广泛发行了系列的神学著作和百科全书。
[4] 参见《申命记》第30章第4节。

书上的预言将得到应验:'你就是被赶逐到天涯,耶和华你的上帝也必从那里召集你,从那里领你回来。'[10] 极地以色列人的这种转变预示着埃米尔·佩蒂托的辉煌未来,他有时会想,难道自己就是"末日的预兆"?[11]

轻微的模糊性让这位传教士在狂热症晚期有机可乘:这不仅包括他的受迫害躁狂症和关于德内人源于希伯来人的夸张理论,还包括个人的弥赛亚主义,通过这种弥赛亚主义,在他剧烈的精神分裂症发作时,他同时成为了犹太人、土著人和预言家。

☆

十九世纪,弥赛亚主义散布于加拿大的极北地区。德内人在被席卷的流行病毁灭之时,遇到了基督教,许多先知开始出现在人群之中,向他们承诺在未来的美好世界中将得到救赎。[12] 传教士维塔·格兰丁是第一个讲述他在 1858 年与一位齐佩瓦人先知相遇的经历:

明媚的清晨,一个来自克罗斯岛(Île-à-la-Crosse)

的青年野蛮人被一种猛烈的灵感所俘获。从那时起，他不再是一个凡夫俗子；从他不再是人类的那一刻起，只许前进，不能后退，他必须成为一个神。是的，除了"神的儿子"，没有其他人能存在于地球之上。这种对人的神化前所未有，就像其他情况下一样，导致土著人拒绝了祈祷和福音。概而言之，它使得人们自我谦卑，并全盘否定了伟大的造世主。但他是个疯子！是的，毫无疑问，就像那些不知天高地厚，去揣度创造者划定禁区的人一样。然而，由于许多疯子都成立了传习处，我们发现这些追随者也就不足为奇了。那些被他的话术所引诱的人相信了他的话，但他们都无法真正理解。他的确创造了许多奇迹，至少有一件让我们这些了解蒙塔涅人的人感到惊讶的事：他命令他的追随者丢弃他们的所有东西。为了更有资格与"上帝之子"同行，他们破坏或烧毁了拥有的一切，很快整个国家就被颠覆了。[13]

维塔·格兰丁发现德内人背弃了他的使命，于是再次前往那位"上帝之子"的村庄：

这个自称是神的人统治着他的群体，人们害怕他，认为他拥有比人更高的灵力（spirit）。根据他追随者的说法，他能说各种语言，并能制造奇迹。我毫不费力地认出他自带的虚荣幻觉和他是一个疯子的事实。我一走近他就喊："来吧，我的孩子，我会让你见证奇迹，你会看到摩西的石板！"每时每刻，他都在重复："Theos，Theos！"[1]我好奇他在哪里学到了这个希腊单词。他手里拿着六英尺长的杨树皮，和他的手一样宽。他试图用这块树皮把我打晕，只要够得到，他就会打我的头，所以我不得不叫我的两个手下把我扔进独木舟里，我才得以脱身。这位神的母亲也像他一样疯狂，她跳进齐腰的冰水之中，紧紧抓住我的独木舟，她喊道："你为什么害怕？""他打你不是为了伤害你，他这

---

[1] 古希腊语单词"Theos"，意为神。

样是为了让你分享他的灵力！"[14]

几年后，刚刚抵达加拿大北方传教区的埃米尔·佩蒂托在同一地点短暂停留，那里只剩下对先知的回忆：

在湖的远处，我们在一个由齐佩瓦基督徒组成的村庄停了下来，为一个垂死的人施药。这些德内人刚刚经历了一场分裂战争，他们可怜的脑袋几乎被翻了个底朝天。叛离者是一个自诩为神的宗教狂人，他向同胞们说自己是转世的耶稣基督。他的印第安名字叫伊纳泽（Inazè），意为小狗，一个十足的野蛮人，然后他开始自称为"上帝之子"。这些愚蠢的野蛮人上当了，开始崇拜这个骗子。这位"上帝之子"利用追随者的单纯，试图说服他们，只要他愿意还能将他们变成野兽。"库（Khou），库"，他经常对他最喜欢的弟子卡塔雷（Khatarré）说道，这是一个里宁-哈雷斯基人（Hareskin Lining），其几乎和他一样疯狂。"库，来吧，来吧，你马上变成一只熊！现在四肢着地爬行，像熊一样咆哮"，这个疯子补充说。"就是这样，你去吧！再多练几天，你就可以蜕变了。"

有一天，伊纳泽决定脱掉服装，穿上一件天国的衣裳。所有的疯子都有类似的奇思妙想。他甚至劝说他的教派成员也这样做。"神的国度已经到来"，他告诉他们。"我们将恢复我们原初的纯真，像伊甸园的亚当和夏娃一样。所以，让我们尽快摆脱从那些堕落之人手里得到的一切！"他还充当了一个榜样。齐佩瓦人立即点燃了篝火，不仅把他们的衣服，而且把他们的工具，甚至他们的武器都扔了进去。然后他们虔诚地走过小树林，就像亚当和夏娃一样，等待着"上帝之子"转世的诺言实现。[15]

埃米尔·佩蒂托以重点提及摩门教来结束了这个启发性的故事，他与摩门教徒分享了某些土著人具有犹太血统的类似设想：

如果历史没有告知我们，许多欧洲民族都经历了同样的宗教疯狂阶段，产生了如亚当派（Adamites）[1]、穷人派（Poor Men）[2]、忏悔派（Flagellants）[3]和重浸派（Anabaptists）[4]，且我们没有看到类似的疯子强迫易蒙蔽的百姓，并吸引追随者自称为摩门教徒、震教徒（Shakers）[5]、贵格会（Quakers）[6]、自由恋爱主义者（Free-Lovers）[7]，那么就很难相信和理解这种反常现象。[16]

两年后的1864年，埃米尔·佩蒂托在信中仍颐指气使

---

[1] 指公元2世纪至4世纪，北非早期基督教团体的信徒，在仪式期间，他们会赤身裸体。

[2] 即韦尔多派（Waldensians），最初被称为"Poor Men of Lyons"，由彼得·沃尔多（Peter Waldo）成立，他放弃了他的财产，宣扬信徒一贫如洗才能通往幸福之路。

[3] 在14世纪，基督教内部开始流行一个名叫"Flagellantism"的忏悔运动，信徒们开始在公开的忏悔仪式中殴打自己的肉体，以应对千禧年引发的战争、饥荒、瘟疫和恐惧。

[4] 欧洲宗教改革运动发生时，宗教改革家茨温利（Ulrich Zwingli）领导下分离而出的激进教派。

[5] 18世纪始建于英格兰，属于耶稣基督再现信徒联合会（The United Society of Believers in Christ's Second Appearing），其教徒在演唱祈祷音乐时会随之震颤身体。

[6] 兴起于17世纪中期的英国及其美洲殖民地，主张和平主义和宗教自由。

[7] 自由恋爱主义者支持将国家与性相关的事务（如婚姻、生育和通奸等）分离开来。

地写道，分布于雷湖（Rae Lakes）[1]的多格里布人，特别是在他们的五个萨满（在他们的语言中称为 inkranzé）里出现了新的弥赛亚运动：

这些可怜的野蛮人具有丰富的想象力，加上他们对宗教，或者说，对一切超自然范畴事物的天性热爱，必然会使他们中的一些人走向疯狂和神秘主义，事实就是如此。这些无知的印第安人，他们仍然是新信徒，却已经看到了尼古拉斯（Nicolas)和马尔乔恩（Marcion）的崛起[2]，他们就像是异端邪说的首要拥趸，遵循于他们狂热的自我和怪诞离奇的幻想，把自己想象成祭司来得到上帝的启示。类似的事情也发生在麦克弗森堡（Fort MacPherson）[3]的哥威迅人身上，但当时的神父尽量避免去反驳和谴责他们。

我无法对遇到的五个多格里布人预言家——四个

---

[1] 雷湖是内华达山脉的湖泊，位于美国加利福尼亚州。
[2] 这里的尼古拉斯和马尔乔恩应是原住民的名字。
[3] 麦克弗森堡位于美国亚特兰大市，始建于1867年，是当时的军队哨所。

男人和一个老妪——采取相同的做法。他们已经向族人示意希望我作为神父认可他们，并允许他们继续进行那些亵渎性的闹剧。他们之中有一个人，不像其他人那么坏，来给我解释他的教义，他说他是从上帝那学来的。虽然保留了他们对三位一体、耶稣基督、圣母玛利亚和圣徒的信仰，但他还是否认了圣餐和弥撒，并坚称有三个天堂，这取决于每个人的圣洁程度：普通圣徒的黑色天堂，更圣洁者的灰色天堂，以及将被允许见上帝的白色天堂。这些"虔诚之徒"用一种由两个音节组成的单调歌曲，取代了我们的赞美诗，他们说这是由善良的主向一个病人所透露的。

5月22日，星期日，这四个疯子将部落的大部分人聚集在俯瞰营地的一座山上，他们在那里建立了一个叫春什（chounsh）或因克兰泽（inkranzé）的小屋。然后他们无拘无束，重复着他们以前的仪式表演。在我发展的新信徒提醒下，我来到现场，观察到在四位萨满所在的土丘前，所有的异教野蛮人都坐在他们的脚后跟上。他们一边唱着歌，一边像傻子一样来回摇摆。刹那间，最狂热的仪式表演者站了起来，瞪着眼睛看了我一眼……"你是谁，竟敢反对我们的仪式安排？你有什么权力？你承认看不到上帝，没有从他那里得到任何启示，那你凭什么会有生命的效力？至于我，我看到了他，上帝啊，我还和他面对面地交谈。所以你不要再装成是我们东道主一样了，请滚回你的地方！我们这里不需要你！"[17]

埃米尔·佩蒂托说，他在到访过的"每个部落"都观察到了类似的先知。[18]在历史上的某个关键时刻，德内人挪用了基督教传教士带来的一些元素，他们的萨满调整了传统信仰，向其同胞提出了一个新的礼仪规范。通过各种仪式，其中包括奇怪的洗礼、皮制书籍、集体居住、半天主教半萨满教的诗篇和仪式舞蹈，萨满们成为了新神（指通过《圣经》接触到新神）的先知，并承诺了一个没有流行病或不依赖工艺品的更好世界，一个"上帝的国度"，一种三层式的天堂。[19]因此，埃米尔·佩蒂托被德内人的弥赛亚所包围，他们不断提醒他世界末日的将近。[20]

毫无疑问，这些在德内人中爆发的弥赛亚现象，一定会扰乱这位传教士的心绪，且他认为这些人是丹尼特人（根据一些教父的说法，敌基督者将从这个部落中产生）的后裔。然而，他在谈到德内先知时，只是带着傲慢和讽刺的态度，把他们更多视为竞争对手，而不是神圣的象征。二十五年后，在《传教士回忆录》第二卷中，他重新开始描述多格里布人的先知，并补充说他们是"疯狂的神棍"，他们的舞蹈和歌曲"堪比精神病院级别"，这与他把"上帝之子"描述为"神棍"、"躁狂症患者"和"疯子"的说法遥相呼应。[21]这种污名化的病理学词汇在当时的传教士中很常见——维塔尔·格兰丁将"上帝之子"描述为"疯狂的"和"致幻的"——但埃米尔·佩蒂托更多使用了直接取自精神病医生的专业术语，特别是在他1874年至1876年在法国逗留之后。

　　也就是在这个时候，他开始使用精神病学的术语来描述某些德内习俗。例如，他会说巫师受到"颈椎病变"（cervical lesion）的影响。


　　塔希耶（Tâhchyé）和他年老的妻子最后要求我为

他们洗礼。我给这位族长起名叫亚伯拉罕（Abraham），他的妻子则叫萨拉（Sarah）。愿上帝因他的忠诚善良而奖励这个可怜的傻瓜。然而，洗礼并不能治愈他的幻觉，或者更准确地说，他的痴迷，世界上总有一些无望的案例。对于那种可怜而无法理喻的萨满式大脑来说，这不过就是在循规蹈矩。模式已经确定：他笃信能够看到恶魔，他的想象方式已经僵化，无非是钟楼上有蝙蝠，建筑里充满了鬼魅，人们被迷惑而无法治愈。虽然这让我感到遗憾，但从心理事实（psychological fact）上也可以理解。它与颈椎病变密切相关，并取决于颈椎病变，如果这个病不被治愈，就没有希望改变它。[22]

德内人的舞蹈让埃米尔·佩蒂托想起在"精神病院"的练习，在蒙特利尔的长岬精神病院居住后，他可以用权威性的经验来谈论这些内容。

我希望在他们绕着圈子跳了几个小时之后，选择赶紧睡觉——这种运动在比塞特（Bicêtre）[1]或查宁顿（Charenton）[2]会很受欢迎，也很有娱乐性，我的新信徒已然厌倦了这种公德性和献身式的乐趣。但事实并非如此，我意识到，就像在巴黎歌剧院一样，在大熊湖这片最后的草原尽头，一旦舞蹈开始，让舞者动起来比让他们停下来更容易，女性尤其如此。无论她们齐声呼喊的曲调有多么可怕与单调，不管她们排成一行的旋转有多么无聊，我亲爱的丹尼特人在其中发现了无穷的艺术乐趣，以至于我不想去打断这种浑然天成的娱乐活动，永远熄灭它们的欲求之火。[23]

这种对德内文化的病态化描写，很可能与埃米尔·佩蒂托的精神病咨询情况有关。即使他从不认为旁人的迫害是"想象中的恐惧"，但他确实担心躁狂症的发作，他会因此肆

---

[1] 比塞特是一个古老的法国庄园，位于法国中北部地区。1633 年，路易十三在此处为军人建造了一所医院，这所医院也作为精神病院和巴黎的监狱使用。
[2] 指代的应是位于法国巴黎东南郊的查宁顿精神病院（Charenton Psychiatric Hospital）。

意狂奔，然后精疲力竭。1869 年 7 月，在经历了一次最激烈的病情危机之后，他给上级写了一封信，说："我焦急地等待着巴黎医生的报告，因为辛普森堡的医生向我承认，他无法理解我的病症情况。"[24] 我们知道，他利用在法国停留的机会咨询了精神医生，甚至还可能是他的表弟普罗斯珀·德斯皮尼（Prosper Despine），他是马赛最有名的精神病医生。在读普罗斯珀·德斯平的作品时，埃米尔·佩蒂托会发现大量来自精神病学家让-艾蒂安·多米尼克·埃斯基罗尔（Jean-Étienne Dominique Esquirol）的术语，从"颈椎病变"到"宗教狂"，后者的定义如下：

> 宗教狂（theomania）是关于上帝、天使、奇迹、神秘主义、预测未来事件的有关想法。宗教狂总是相信他们是先知，是上帝通过他们的嘴在说话；他们声称能够改革宗教，并创造奇迹。这些狂热者存在幻觉、妄想以及与妄念有关的幻象，这些现象证实着他们的想法。[25]

然而，埃米尔·佩蒂托并不满足于将德内人的弥赛亚略微描述为宗教狂，将他们的萨满描述为患有颈椎病变的致幻者，将他们的舞蹈描述为精神病院的练习，他还描述了他理解的文化症候群[1]，即原住民特有的精神疾病：

> 当我审视红种人的性格和气质，权衡他们的推理价值和力度时，我不禁注意到，他们有许多人根本就是疯子或偏执狂。谁知道呢，也许野蛮人的游猎生活从一开始就没有别的原则，没有别的冲动，只有疯狂和幻觉，这导致了那些不幸的人会逃离正常人的社会，选择加入相同性情的社群之中。26

尽管使用了埃斯基罗尔的词汇（如"偏执狂"），也许是由于阅读了普罗斯珀·德斯皮尼的书，并与之进行了讨论，埃米尔·佩蒂托的评价仍使用这些过于宽泛的术语，但

---

[1] 文化症候群（cultural syndromes）指在特定社会或文化之中才能被认可为一种疾病的精神和躯体症状，在其他文化中往往不会被视为一种疾病，一般也不会发现患者有任何器质性的病变。

他很快就明确表示了：

> 德内人骨子里的懦弱使他们常在没有影子的地方
> 看到自己的假想敌。他们总是想象自己被障碍物裹挟
> 着，被敌人侵夺、攻击、压迫和追杀，他们都是迫害
> 狂。有人会告诉我，这是部落之间远古内战后留下的
> 负面遗存，是他们那种悲惨生活的结果，他们独自生
> 活，迷失在森林之中，以某种方式逃离他们同胞的社
> 会，这很可能是他们迁徙到这些荒蛮之地的结果。我
> 接受这些所有的说法，但尽管如此，我注意到丹尼特
> 人整体被受迫害躁狂症支配着。[27]

很难相信，这位传教士把"受迫害躁狂症"投射到德
内人身上，而在他抵达了极北地区的敌对领土后，又是第一
个受到影响的人。但是他既然已经踏上了这样一条颇有收获
的道路，他就不打算停止。他详细说明了这一点：

> 他们之中没有白痴，严格来说也没有疯子；但有

许多致幻者和偏执狂。无论如何，这种神经上的过度兴奋使他们的身体严重紊乱，以至于他们失去了红种人应有的自制力；但最为糟糕的是，他们这种病态的想象力会自然地影响到他们所有的邻居。我们在不同纬度的各个部落看到过太多这种具备感染性、瞬时性癫狂发作的案例，异教徒的妇女尤其容易出现这种情况。在某些情况下，一两个致幻者的幻觉就能席卷整个部落，以至于他们做出了最放肆的行为。每年夏天，恐惧也像流行病一样在他们之中肆意蔓延。然后，他们就生活在持续的恍惚之中，为一个假想敌而担惊受怕，这个假想敌不停地追赶他们，他们认为到处都能看到它，尽管它根本不存在。[28]

正如埃米尔·佩蒂托所评论的那样，德内人"整体上受到受迫害躁狂症的影响"，因此当他们——尤其是妇女——"失去自我控制"时，会被狂热所侵蚀。神父所指的是二十世纪的民族志和后来精神病学文献描述的"北极歇斯底里症"（Arctic hysteria），有时会用因纽特语称谓"pibloktoq"来称呼。几十年后，另一位传教士描述了已知的第一个案例：

> 有一天，我们被叫去帮助一个年轻人，她在精神
> 抑郁的情况下出现了神经性的休克。继第一次后，又
> 有两次急性发作。她呼吸困难，因此一直尖叫、喘息、
> 呻吟、哮喘。有一瞬间，她的身体在颤抖，她的手和
> 胳膊开始扭曲。在一次痉挛之后，她几乎完全没有了
> 任何反应。最后，当她苏醒过来时，她感到一片茫然，
> 并且头痛欲裂，处于一种昏迷的状态。[29]

北极歇斯底里症的发作有时会变得更加暴力。二十世
纪五十年代，一位人类学家从伊格卢利克（Iglulik）[1]的因纽
特人那里收集了这方面的证据。

> 每个人都坐在伊勒克（illeq），也即冰屋的平台上，
> 阿吉亚克（Aggiaq）的母亲开始呼哧呼哧地喘气，她的

---

[1] 加拿大齐克塔鲁克（Qikiqtaaluk）地区的一个小岛。

眼睛"鼓得像白炽灯"。然后她站起来走向独木舟，在空中向雪花挥舞了许久，一拳又一拳。在伊勒克上，助手们都吓坏了。她半裸着身子，走到浮冰上，歇斯底里地尖叫。[30]

这些"歇斯底里症"的癫狂发作，大多是女性所为，其与埃米尔·佩蒂托的病情非常相似，他的"神经性狂热，伴随着神志不清"，他"醒着的梦如此痛苦和迷幻，以至于它们显得如此疯狂"。[31]他在好望圣母院的同事让·塞甘描述了 1869 年冬末一次格外暴力的事件，当时埃米尔·佩蒂托"疯了六天"。[32]

每天他都会发三次疯，不分昼夜，往往是半夜发作一次，早上五六点左右又重蹈覆辙。昨天晚上，我以为他是被恶魔附体了。他听不进任何声音，也不顾我们的阻拦，跑到了三十六度以下的寒风之中。他躲在外面，脱掉了衬衫和袍衣。我们把他带到了不太结冰的地方，但他仍然想要逃跑。我狠狠地揍了他一顿，之后我只能通过交谈让他冷静下来。堡垒里的每个人都很害怕，我的助手们也没有再应付他的勇气了。[33]

像德内人和因纽特人一样，埃米尔·佩蒂托在这些场合进入了无法控制的恍惚状态，尽管天气寒冷，他还是想把衣服脱掉。正如他明知故问地说，"所有的疯子都有类似的突发奇想"。然后，让·塞甘继续说，"和疯子的状态一样，他发出尖锐刺耳的叫声，用炽热的眼神看着我，就像德内人的'偏执狂'和其他埃米尔·佩蒂托描述的'宗教狂'一样"。[34]病情结束后，他只记得自己曾经身患重病。为了了解当时发生的事情，他有时会拆开同事写的信，阅读他们对他疯狂行为和他所遭受待遇的描述。[35]毫无疑问，传教士的病症类似于发作的北极歇斯底里症。

然而，埃米尔·佩蒂托坚持认为，他在所接触的原住民中观察到的"瞬时性疯狂"案例是"通过传染"或以"流行病方式"传播的，这似乎令人惊讶。归根结底，他声称大多数德内人都是"偏执狂"，他显然是把歇斯底里症、受迫害躁狂症和弥赛亚运动的攻击混在了一起，还是说他把这种混合体和术语看作是对普罗斯珀·德斯平想法的回应？事实上，这位马赛的异教徒再次追随埃斯基罗尔，认为存在着各种形式的"流行性疯狂"，它们通过"道德性传染"进行传播，其中包括宗教狂和歇斯底里症的状态。[36]埃米尔·佩蒂托当然熟悉他表弟的观点，这些思想在1875年发表在一本超过一千页的巨著之中，对他阐释德内文化产生了决定性的影响。从这个角度来看，在他涌现的部分假设中，我们能惊人地意识到道德性传染的概念可能首先适用于埃米尔·佩蒂托本人。他可能是第一个被北极歇斯底里症，甚至弥赛亚运动的躁狂症所感染的西方人。只要疯了，也就意味着变成了本地人。

☆

事实上，埃米尔·佩蒂托的病情以宗教性和弥赛亚的谵妄为特征，导致他对"北极犹太人"的某些看法发展到了最极端的形式，割礼、敌基督者和世界末日的想法在他脑子里挥之不去。例如，1869年8月18日，在一次严重病情之后，埃米尔·佩蒂托给洛朗-阿奇勒·雷伊发了一封热情洋溢的信：

您或许还记得我曾经告诉过您，犹太人和德内人的习俗存在惊人的相似之处。我刚从麦肯齐（Alexander Mackenzie）[1]自1700年在马更些河的考察报告中读到的内容，证实了我的模糊观点，即"他相信他在许多印第安人、斯拉维人（Slavey）[2]和哈雷斯基人身上发现了割礼的痕迹"。如果这是事实，它证明了我过去有幸就这一章给你们写的一切；人们不得不得出这样的结论：红种人即使不是真正的犹太人，至少也知道摩西律法。[37]

埃米尔·佩蒂托在加拿大极北地区生活了七年，他与原住民的关系有时也会亲密无间。然而，正是在一位苏格兰探险家的报告中，他了解到这种所谓犹太习俗的存在。"原住民是否有割礼，我不敢妄下定论，但我看到的那些人中普

---

[1] 亚历山大·麦肯齐（1764—1820年），是一位苏格兰探险家，因1793年首次横渡墨西哥北部的美洲地区而闻名，马更些河（Mackenzie River）以他的名字命名。
[2] 斯拉维人（也称为Slave或South Slavey），是德内人的一个分支，主要分布于加拿大西北地区的大奴湖一带。

遍存在割礼的现象。"[38]

亚历山大·麦肯齐的声明几乎没有什么底气（他到底真正看到了什么？），但埃米尔·佩蒂托立即将其视为他几年来一直建立的理论基础。一年后，在给洛朗-阿奇勒·雷伊的另一封信中，当他再次思考所谓希伯来人和德内人的类似传统时，后者的割礼对他来说已经成为必然事物：

> 不仅仅是德内人和哥威迅人的传统提供着我所说的证据，还有一个普遍做法比其他传统都更有说服力，那就是在第八天进行割礼。塞甘神父和我不再怀疑：哥威迅人、哈雷斯基人、落基山脉和大熊湖的印第安人都有割礼；我们从亚历山大·麦肯齐那里知道，斯拉维人也有。多格里布人、卡斯托尔人（Castors）[1]和蒙塔涅人是否也是如此，还有待观察。但由于他们是属于同一种语系的印第安人，他们很可能会这样做。如果再加上德内人举行的仪式与犹太人的逾越节一模

---

[1] Castor 意为海狸，暂不清楚佩蒂托此处指代何种印第安人。

一样的事实……我毫不怀疑，你会大吃一惊，并真正地想把德内人视为犹太人。至于我，我已经没有任何的怀疑之处。[39]

因此，德内人中所谓的普遍性割礼最终说服了这位传教士。然而，当他在南锡美洲问题专家大会上，向一群老教授和研究员介绍这一发现时，他还是比较谨慎的：

在德内-哥威迅人最北端的许多部落中，男性割礼的确存在过，或许现在仍然在运作着。也许，正是因为我们还没有干预过这种习俗，野蛮人并不会公开谈论它们。[40]

德内人向埃米尔·佩蒂托"隐瞒"了这种做法，刺激了他的好奇心和想象力。这就是为什么当哈雷斯基人的利泽特·哈乔提告诉他一个古老习俗（"在法国人到达我们部落之前"）时，他非常乐衷于将其转化为割礼的内容：

一旦新生儿变得健壮起来，脸色变得有点深红，为了防止出现所谓的"震颤"情况，就会采取以下措施：用一块锋利的石头割掉一点阴茎的皮，然后用锥子在他的脸颊、手臂、耳垂和鼻软骨上穿孔。最后，用同一把锥子，从他的手掌和脚底划出一点血。[41]

值得一提的是，佩蒂托对这一传统的直译：

小男孩出生了，所以当他们变得有点强壮时，他们的脸也已变得深红，阴茎的皮开始颤抖，有人切开了一块燧石。然后用制成的锥子刺穿了他们的手臂、脸颊、耳朵和鼻软骨。[42]

由于不得不照搬德内人的原文，埃米尔·佩蒂托只能增加一个脚注来解释他对"阴茎皮"（ekwéwèh）一词的翻译：

由于割礼在德内人中是秘密进行的，所以这个词往往会有歧义。事实上，ékwéwè 是肚脐的名称，ékwè

是形容雄性的称呼；加上皮肤这个词，éwéh，就形成了ékwé-wèh 这个词。通过这种方式，可以让外行人混淆视听。我可以肯定的是，一些神父对这种仪式感到愤怒，所以印第安人告诉他们，这只会涉及肚脐。[43]

因此，传教士提供的证据至少是模棱两可的：更明了的解释是把它视为脐带及其几天后的残留物，但埃米尔·佩蒂托坚信这些原住民是受过割礼的。在哥威迅人中，他甚至发现或者更确切地说是幻想着，原住民存在成人割礼的做法：

> 哥威迅人的数量不超过两千人。我确信，其中未受割礼的人数很少。他们像哈雷斯基人一样，用锋利的燧石进行这种手术。一些哥威迅人告诉我，应该在没有别人帮助的情况下自己完成这个手术，我认为这是一种非常苛刻和残忍的折磨。[44]

是否有必要指出，除了亚历山大·麦肯齐的模糊描述外，没有其他传教士、民族学家或旅行家报道过德内人的类似习俗呢？埃米尔·佩蒂托的好朋友埃米尔·格鲁瓦在这一点上看法明确，他曾经乘坐同一条船抵达加拿大，后成为一名主教，并在极北地区生活了六十九年：

> 至于佩蒂托神父称哈雷斯基人实行的割礼，我的回应是我从未听说过马更些河的斯拉维人、大奴湖的黄刀人和阿萨巴斯卡湖的蒙塔涅人有这种习俗。[45]

割礼让埃米尔·佩蒂托困扰了很长时间。在让·塞甘写给他主教的一封信中，他愤懑的情绪再次表露无遗（"假设阁下和我一样对这一章感到厌倦"），他讲述了佩蒂托在一次持续数天的躁狂症中，如何将他的痴迷之物付诸行动：

> 在他发疯的时候，他尝试并可能已经成功地给自己行了割礼，因为按照他的说法，割礼是强制性的。有一天，他在地板上找东西，说："你看到那块东西了吗？我不知道我对它做了什么"。话音刚落，他从袍

子里抽出手来，上面全是血。我问他血是从哪里来的，他没有回答我，而是打了我的脸。由于他总是在谈论割礼的义务，我得出判断，即他对自己行了割礼。[46]

因此，埃米尔·佩蒂托显然对自己进行了"非常苛刻和残酷的折磨"，而让·塞甘从那时起就一直保持着警惕：

> 割礼持续给他带来极大的折磨，每天我都要从他手中没收一些新的武器。他收集了一些藏在他的床底下，我四处寻找才发现这些东西。[47]

三年后，当他从法国归来时，他的躁狂症又开始发作了。让·塞甘写道："他在十天内失去了所有的理智"，然后他小心翼翼地描述了他同事的行为：

> 割礼势在必行，他必须要对自己进行割礼，这对他来说显得至关重要。尽管他从不会选择整日独处，但我强烈怀疑他对自己做了什么，因为有一天，我在

他的桌子上发现了一把带有血迹的剃须刀。我问他是什么原因，他也不作回答。[48]

第二年，塞甘写道：

他脑子里只有割礼，并想尽一切办法来完成它。他自己尝试过，但他做不到；他问过我，还问过其他同伴；由于请求被拒绝，他又问堡垒里的其他人，他们也不想为他行割礼；然后他问印第安人，在被成年人拒绝后，他转向年轻人求助，并强迫了几个人为他割了几块。印第安人不想这样做，这是一种罪过，但佩蒂托告诉他们，这是好事一桩，非常必要。[49]

同年，让·塞甘看到埃米尔·佩蒂托从德内地区考察回来，他脸色苍白，愁容满面，一副病恹恹的样子。神父双手捂着小腹告诉他："我刚刚为这些人（指的是那些德内年轻人）又割了一块肉，我想我被割断了一条动脉，伤口一直在流血。"[50] 因此，他有五到六天无法行走。

几个月后，让·塞甘已经彻底疲惫了，他报告说：

佩蒂托神父在夏天再次陷入了以往的精神失常，他让在布道团工作的野蛮人给自己行了割礼，因为他从哥威迅人那里听说，当他们乘驳船经过时，如果他不做割礼，他们会把他处死。[51]

自残现在明确地与他的受迫害躁狂症有关。大约在同一时间，另一位传教士奥古斯特·勒科尔（Auguste Lecorre）抵达了极北地区，被分配到天意堡的布道团，他对这位传教士的古怪行为提供了相当精确的证词：

佩蒂托神父九月份从好望角来到我们这里，精神状态依旧很差。把他带到这里的塞甘神父，我无幸再次见到他，而他会告诉你这是怎么回事。这个可怜的病人，从他告诉我的情况来看，他从来没有像今天这样好过，他也从来不会忘记诉说他的偏执症。总之，以下是我在三个不同场合与他的访谈中收集到的信息：

"很长一段时间内，我听到哥威迅人，甚至哈雷斯基人说：'哦，他是一条狗！他没有给我们任何自己的东西；当我们告诉他：从你的手套里给我一些东西，如一小块袖子时，他不听我们的话。'我有很长一段时间无法理解，最后我认为自己明白了这一切的意义：他们在向我要一块肉，这与割礼有关。上一次我从哥威迅人那清楚地听到他们威胁着说，如果我不这样做，就会杀了我。'因为他不想把自己交给我们，不想和我们一样，他必须像狗一样死去！'但我没有勇气自己做这个手术，可我愿意割开这四条血管，以证明我爱他们。于是，我请了一位哥威迅人帮我做这个手术。他把他切下来的那一小块肉给了我，我问他该如何处理。他告诉我：'你应该把它扔掉。'当时我以为一切已经结束了，但过了一段时间，我又听到了同样的话：'他是资本家，什么都不想做。'从那时起，我决定再行两次割礼，我又问了他们两次，如何处理这块东西。'它被扔掉了'，我总是被这样告知。我以为如此牺牲三次之后，我就会被视为他们中的一员，但是根本没有；自从我来到这里，我就听到同样的故事。我可以做什么呢？看看我的头发和胡须，神父啊，你看看我的头发和胡须，一年来因为烦恼都变白了！我就像在梦里一样。我向塞甘神父倾诉了我的痛苦，但他说这一切太过疯狂，并威胁说如果我不放弃这些想法，就禁止我参加弥撒。

"而现在，神父，告诉我你的想法：我还有一些神性的光环（corona）在身。如果我必须给予出去，我必须从我的伙伴那里找到足够的善意来为我这样做，并最终帮助我走上正确的道路。就我自己而言，我很坦率地告诉你，我不觉得自己有足够的勇气拿刀给自己做手术。此外，我不认为这样做违反了我的贞洁誓言[1]。"

想象一下，阁下，我有多么惊愕和尴尬！我试图劝阻他，反复告诉他这一切如此疯狂，但徒劳无获。

---

[1] 贞洁誓言（vow of chastity）指天主教徒自愿放弃婚姻、身体 / 性的亲密关系。

在好望堡待了一年之后，我有了些经验之谈，即偏执
狂是无法通过逻辑来治愈的。[52]

埃米尔·佩蒂托对割礼的痴迷体现在几个不同的方面，
我认为应该加以明确区分。首先，对他来说，这是对长期而
禁忌的同性恋欲望的抑制方式，甚至是为自认为是臭名昭
著的严重错误赎罪（德内人称他是狗，据他说，他们认为狗
是鸡奸者的典范）。[53] 因此，对他而言，割礼是一种弱化版
的阉割形式，是一些有名的妄想症案例中的极端解决方案。
我尤其想到了威廉·切斯特·米诺（William Chester Minor），
他是这位传教士同时代的医生，两人在许多方面都有着相似
的命运。他是一个公认的单身汉，早在 1872 年就因谋杀一
名工人而被关在英国精神病院，他认为这名工人对他心怀不
轨，就像他认为男人每晚都在迫害他一样，他们闯入房间对
他进行鸡奸和折磨，或者把他带到妓院，强迫他虐待青少年
男子。在被关押期间，威廉·切斯特·米诺成为辉煌的牛津
词典最多产的编纂者之一。更为激进的是，他最后还割掉了
自己的阴茎。[54] 因此，埃米尔·佩蒂托的案例可能代表着威

廉·切斯特·米诺也患上了相同综合征。

或许作为一种关于性取向的痛苦和赎罪形式，埃米尔·佩蒂托强迫自己与一位梅蒂斯妇女玛格瑞特·尼卡穆斯（Marguerite Nikamous）结成奇怪的"精神婚姻"，在被关进长岬精神病院之前，还与她生活了一个月。[55] 实际上，将埃米尔·佩蒂托送入监狱的主教认为割礼、阉割（这只是主教的想象，神父似乎从未走到这一步）和他的婚姻之间存在着连续性："我们可怜的病人已经在马更些河证明了他想结婚。他确信，蒙塔涅人对他的抱怨是因为他缺少了什么。为了让他们接受，他想尝试割礼和阉割，而现在他正在尝试第三种补救办法，也就是结婚。"因此，埃米尔·佩蒂托进行了性自残，然后是不寻常的婚姻，这应被视为过度的忏悔形式，试图让他无法再进行同性恋行为，他认为这是羞辱和不圣洁的。[56]

然而，他反复进行的割礼不仅关乎于此，它们也是神父围绕着他的犹太-印第安人概念而发展的狂热解释之一。他使自己相信有必要进行割礼，以满足德内人（包括哈雷斯基人和哥威迅人）的期待，并以同样的方式将他们的神话强行纳入他的解释之中，将脐带变成包皮，在他们无关紧要的言论中听到割礼的暗示。因此，根据后来到达好望圣母院的传教士弗朗索瓦–泽维尔·杜科（François-Xavier Ducot）的说法，

> 神父经常听到野蛮人隐晦地让他接受割礼！他总是听到他们彼此说："为什么他不做？啊，他还不是自己人，他不想这样做。如果他在驳船来的时候还不做，就让我们拭目以待……"他甚至声称听到五六岁的小孩子对他发出最后通牒。他甚至还说，野蛮人侮辱了他："你这个傻子！你不会知道我们是在说你。"借此，野蛮人暗指他要进行割礼。[57]

让·塞甘进一步指出："他们并非直言不讳，但有时会给他一些暗示，意指他必须自己进行割礼。"[58]

因此，他的割礼行为也是顺从哈雷斯基人和哥威迅人的一种方式，以保护自己免受他们的威胁。当然，也是为了将自己全身心交付给他们。此外，根据他的一位修道院同事泽菲林·加斯康（Zéphyrin Gascon）的证词，这位传教士有

时坚持将自己割下的包皮分给当地的土著人，特别是梅蒂斯工人的德内妻子，从而庆祝一种有点变态的萨满式圣餐。

> 他认为必须把自己生殖器上割下来的那块肉，首先给莱皮内（Lépinet）的老婆，她愤然拒绝；其次，给到诺姆（Nom）的可怜妻子，她不知道那是什么东西，只是按照他的吩咐敷在身上治病。后来，由于这块肉开始腐烂发臭，她不得不把它扔掉；最后，为那个哥威迅妇女留下一块。亲爱的神父把这一切看作是美德和奉献的行为！他认为已经用自己的身体回应了土著人对他的要求。[59]

因此，传教士的割礼被赋予了绝对的积极意义。埃米尔·佩蒂托想不惜一切代价为德内人接受；他想被"视为他们中的一员"，对他来说，自我割礼或被他们割礼意味着再次成为土著人。在这样做的时候，他首先应用了他关于德内人犹太起源的迷惑理论。在他眼中，割礼使他变成了德内人和希伯来人——简而言之，成为一个来自北极的犹太人。这种潜意识不会让神父对其自身种种有所谵妄；相反，它会对族性（ethnicity）、人民（people）、土地、历史与地理，这些永远作为社会领域的事物——产生幻想。

☆

埃米尔·佩蒂托在夜间发作的疯狂行为，总会伴随着异常的天体现象。十点半左右，稀薄的日照消失了，月亮开始发光。天空中出现了一个由东向西的半圆状光带，它很快在天上散发出极强的亮度，赫然形成了一个只可意会的光核。就像无数闪电霹雳在四方，又如五彩光焰迸发于一场更大的烟火。其中的颜色各异，最常见的属丹部落的象征——宝蓝色，还有一种苍白色，上面有闪耀的钻石。这种璀璨波动如性高潮一般，只持续了 8-10 秒。当它结束时，就像是炽热的内核中，辐射出如加热钢棍时的火花。它们散落到远处地平线的边缘，渐渐消逝。一切仅停顿了片刻，直到明亮的光带再次出现在更北的地方并开始慢慢起伏，散开它彩虹般的边缘。几乎每天晚上，无论埃米尔·佩蒂托是否精神错乱，是否癫狂不已，都会欣喜若狂地注视着这些极光。[60] 德内人认为它们是自然之心和死亡之灵，它们"使人们的思想变得疯狂，并为之丧命。"[61]

☆

1876 年 3 月 6 日，霍华德医生和佩罗医生将路易斯·瑞尔（Louis Riel）送入了蒙特利尔的长岬精神病院。这位新来的囚徒在三十二岁时仍拒绝说出他的名字，只是说他在婴儿时被调包，放在了真正的路易斯·瑞尔的摇篮里。他声称，自己实际上是一个出生在马赛海滩的犹太人，与他的亲戚分离。佩罗认为他是在装疯卖傻，霍华德则认为他是"因为心理和身体组织的畸形缺陷而变得疯癫"；但是，他们给出的诊断是"严重的谵妄"。[62]

这位患者是法裔加拿大的梅蒂斯人，因在 1869 年领导雷德河[1]梅蒂斯人反抗渥太华政府而闻名。[63]作为加拿大军队和民兵抓捕的逃犯，以及革命声誉的牺牲品，他自 1870 年以来就一直流亡在美国，他不断地迁移，逃离想取其性命的真假敌人。1875 年 12 月，在华盛顿附近的一个山顶上，

---

[1] 雷德河（Red River）是美国与加拿大边境上的一条北美洲河流，全长约 880 公里。

圣灵在他身上降临，就是在燃烧的云层中向摩西显现的那位。圣灵使他的灵魂充满光明，并把他带到第四层天，圣灵向它介绍了地球上的不同民族，揭示了"北美的野蛮人是犹太人，有亚伯拉罕最纯正的血统"，并宣布他为新世界的先知。他的使命是拯救人类，将其从奴役人类的世俗与精神枷锁中解放出来。他接受这个圣意之时，双臂高举，低着头颅。

从那时起，朋友们都担心着他的精神状态。他彻夜哭叫，一直想要逃跑，还撕破了自己的衣服。在他暴力发作时，他高喊自己是先知、国王、教皇或弥赛亚，他必须要完成自己的使命。为了保护他，他们把他秘密带到蒙特利尔精神病院，并以假名为他登记。雷德河大主教塔奇亲切地望着这个他看着长大的人，他说："这个不幸的梅蒂斯首领被自大狂（megalomania）和宗教狂病症所控制了。"[64] 但维塔尔·格兰丁主教拒绝声援世界上任何地方的革命者，他毫不留情地称路易斯·瑞尔为"可悲的疯子"。[65] 就是这个格兰丁，在1882年将埃米尔·佩蒂托送进了蒙特利尔附近的同一机构。

路易斯·瑞尔和埃米尔·佩蒂托的谵妄思维包含了惊人的相似元素：对被迫害的恐惧，对某些原住民的犹太血统的信仰，以及关于人类即将得到拯救的弥赛亚思想。在他们躁狂症发作期间，他们都会尖叫并撕掉自己的衣服，而且都认为自己是犹太先知。然而，他们是互相对立的，就像政治家与学者的对比一般。路易斯·瑞尔被拘禁约十年后，继续领导了一场新的叛乱，在此期间，梅蒂斯人与原住民一起试图建立一种新形式的神权政治。尽管这些疯狂的人在某种程度上都是持不同政见者，以及"所有的谵妄都是一种政治声明"，但埃米尔·佩蒂托还是会专注于写大量的地理学、语言学和民俗学研究，来证明他观点的准确性。[66] 他们还就弥赛亚观念被赋予的地位而互相反对：因为如果路易斯·瑞尔始终相信他神圣启示的真实性，那么埃米尔·佩蒂托只是在躁狂症发作时痴迷于人类救赎，事后他也承认这是精神错乱。正如我们所看到的，在发病期间，他认为残存的犹太人，即北极的犹太人正在皈依，他认为这是世界末日、基督回归和王国建立即将发生的明确迹象。

然而，在《圣经》的末世论中，第二次降临之前是敌基督者的统治。这个概念成为这位传教士新的痴迷对象，这可能会对他将"北极丹尼特人"——德内人与犹太丹部落的后裔等同起来，提出不同的看法。

凭借我对土著人明显的希伯来习俗的了解，我毫不犹豫地认为美洲的德内人是丹部落的后代，即丹尼特人。我听到普遍的抗议声音……尤其是充满末日思想的可怕基督徒会猛烈抨击这一点。"想要就丹部落借题发挥？这个可怜的人，他没有想清楚！必须不惜一切代价让他闭嘴。丹！他也是个敌基督者。丹肯定来自北方，因此必定是敌基督者。但在雅各布自己的证言中，丹是一条蛇。'但必是路旁的蛇，路上的毒蛇，咬住马蹄，使骑马的人向后跌倒。'所以，你看，这个人很危险。他在预言着神谕。他是一个皈依的犹太人或犹太基督徒，是伪善之徒，是教会的敌人"，等等。[67]

埃米尔·佩蒂托这番杂糅的说辞令人费解。根据对《创世记》(49：17)和《启示录》(7：4)不同寻常的解释，德内人是以色列一个部落的后裔，尤其是丹尼特人，也就是敌基督者的部落。因此，来自丹尼特人的"敌基督者将出现，他会摧毁和改变世界与自然的秩序，并将超越所有的神"。[68]那么是否应该在原住民中寻找敌基督者？更确切地说，在德内的弥赛亚中寻找那些定期出现在极北地区，萦绕于神父精神世界的"假先知"？

看来埃米尔·佩蒂托从未接受过这一假设；在上面引用的那段话中，他提出这个理论只是为了取笑它，假借"充满世界末日思想的可怕基督徒"之口来进行表达。这些"可怕的基督徒"隐约地体现在极北地区的新教传教士身上，如威廉·韦斯特·柯比（William West Kirkby）[1]、罗伯特·麦克唐纳（Robert McDonald）[2]或威廉·卡彭特·邦帕

---

[1] 威廉·韦斯特·柯比（1827—1907年），一位英国圣公会神父和翻译，曾在加拿大北部担任传教士，也是第一位在育空地区，向哥威迅人进行传教的圣公会教徒。
[2] 罗伯特·麦克唐纳（1829—1913年），加拿大原住民中的英国圣公会传教士，主要在北极西北部进行传教。

斯（William Carpenter Bompas）[1]，这些天主教徒的死对头是为了俘获土著人的灵魂。在公开的冲突中，后者毫不犹豫地将修道士视为被罗马教皇同化的代表，这是当时普遍的指责。[69]

但在为新教徒说话时，埃米尔·佩蒂托称自己为犹太基督徒、皈依的犹太人，甚至是先知——这些描述与他在躁狂症发作时对自己的看法非常吻合。他因此成为世界末日的预言家，并着眼于寻找和毁灭敌基督者。然而，如果敌基督者不是真的出现在德内人中，那么新教徒可能是对的，即应该在罗马天主教徒中寻找。就这样，传教士疯狂的剧情框架已铺垫就绪。自从最后一批流浪的犹太后裔皈依以来，世界末日就迫在眉睫，为了确保人类得救，有必要杀死敌基督者。他要么是让·塞甘，他的修道会同事，要么是——残酷的讽刺——埃米尔·佩蒂托本人。

因此，这位传教士在狂躁时期，乞求将自己献祭。"没有人能够入眠"、"他不停地呼唤着有人来砸他的脑袋。"——

---

[1] 威廉·卡彭特·邦帕斯（1834—1906 年），加拿大西北部的英国圣公会神父和传教士。

让·塞甘在 1874 年写到了其中一幕。[70]

三年后，他又补充说：

> 在他发病期间，他不断恳求我们杀掉他。"难道
> 没有斧头或枪吗？"他喊道："砍掉我的头或者炸掉它
> 吧？在那之后，一切就都会好起来！"[71]

然而，通常情况下，埃米尔·佩蒂托往往会犹豫不决。
"他疯了六天"，让·塞甘在 1871 年 1 月的一封信中写道。
"有几次他想偷袭我，抓住我的脖子勒死我，杀死我们其中
之一来拯救世界。他相信我们中有一个人是敌基督者，但却
不知道是谁。"[72] 在另一封信中，让·塞甘写道：

> 大概在午夜时分，他突发奇想：我们两人必须要
> 死去一个，才能拯救人类。他站起来走到我身边，说
> 我们必须战斗到他投降为止。我一把抓起他扔在了床
> 上，然后他就开始鬼哭狼嚎，以至于整个堡垒都能听
> 见他的声音，他大声求救，说他正在被谋杀。这次发

作持续了大约两个小时。

在这之后不到一个小时，另一次躁狂症再次发作了，他回来找我，说我们必须尽快了断，因为世界末日即将来临。尽管他对我拳打脚踢，但我还是把他抱到了他的床上。我把他按住了大约一个小时，但他拼命挣扎，想从我的手里逃出来，我很快就疲惫不堪了。我从堡垒里找了人过来，谢天谢地我做到了，因为如果我还是一个人的话，我可能会失去他。

第三天晚上，他每时每刻都向我们扑来，想掐住我们的喉咙，因为他说，必须要有一个牺牲者。我用鞭子狠狠地抽了他一顿，他这才安静了下来。时不时地，他会再次向我们靠近，但想到他刚刚遭受的一切，他就会退缩，然后持续带来威胁。

旁人离开之后，我看到他往厨房走去。我叫了他一声，他回来说有一个天使握住了他的手。然后开始指责我在同一天早上杀死了我们的主和主的母亲，并把他们扔进了地狱。"正义必须得到伸张！"他边说边跑到厨房，拿起斧头武装自己，然后回到房间。当他出现在门口时，我告诉他我又要拿出鞭子了。他看了我一会儿，与此同时，我做出要拿鞭子的动作。然后他扔下了斧头，回到了自己的房间，一副咬牙切齿的模样。[73]

　　遗憾的是，让·塞甘并不总是如实描述他同事的想法。诚然，他不希望在书信中展开太多内容（"与其把我要讲的其他内容写在纸上，我更愿意当面告诉你"），也许是因为他担心埃米尔·佩蒂托会打开他的信件，或者是因为这些信件涉及不应该写下来的事情。[74] 几封提到他们自己并传流传下来的信件，总是伴随着"秘密"或"隐私"的字眼，写信的人经常要求在阅读后将这封信烧掉。然而，在另一封应上级要求写的信中，让·塞甘又提到了这段经历，并完成了应有的描述：

　　　　在我做弥撒的时候，他回到堡垒，让一个士兵来把我绑起来，因为我是世界末日的野兽[1]，我阻止了人

---

[1] 指的应是圣经《启示录》中描述的两只野兽之一，它们反对上帝、迫害圣徒，后被基督耶稣所打败。

们上天堂。整整一天，他都陶醉于世界末日的想法，但我无法告诉你他在这个问题上的一切争论。但我们总是相互对立：当我是野兽时，他是耶稣基督或必须把野兽绑起来并扔进火里的天使。当我是天使的时候，他又成了野兽。夜幕降临，却没有人能够入睡。大约在午夜时候，他像个疯子一样起身向我扑来，说他是雅各布，我是天使，我们要彻夜决战。最后我抓住了他，又把他抱到了他的床上。第二天，他一会儿哭一会儿笑，做了很多疯狂的事情。晚上，我又送他上床睡觉，但在十一点左右，他又像前一天晚上一样，疯狂地爬起来，用一种足以让人吓瘫的方式尖叫着，然后扑向我。他说，为了达到上帝的正义，需要一个牺牲品，而且必须是我们中的一个。他想要抓住我的脖子，但没有抓住。[75]

次日，危机重演，神父继续寻找"拯救世界的牺牲者"。

晚上六点左右，他重拾了前晚的话题：我们正处于世界末日的最后阶段。他说他不再怀疑我的身份，因为我就是敌基督者。我必须被杀死，而他就是那个执行任务的天使。[76]

当让·塞甘让他去休息时，这位愤怒的神父回答说：

"休息，怎么休息？在看到你杀了耶稣基督和圣母玛利亚，并把他们扔进地狱之后？不！不！我是来为他们复仇的！"说着，他开门去到厨房，回来的时候手里拿着一把斧头。[77]

尽管埃米尔·佩蒂托优柔寡断，但他通常把让·塞甘看作是敌基督者，是世界末日的野兽，他将耶稣基督和圣母玛利亚关在地狱，从而阻碍了人类的救赎。他必须采取所有必要的手段来对抗这只野兽。但如果不是埃米尔·佩蒂托，这人又会是谁呢？与天使战斗到黎明的始祖雅各布？那个将要击败野兽的天使？还是那个接受了失落犹太人皈依的神谕者，即那些北极的犹太人？要求被献祭的基督弥赛亚，通过割礼成为既是犹太人又是土著人的——北极犹太人？在传教士精神最为分裂的时候，这不再是一个矛盾的问题：身份在肆无忌惮的幻觉混乱中激增、碰撞和重叠。在最激烈的病情后，让·塞甘在难以形容的厌恶之下，冷静而系统地总结了他颓丧同事所经历的变化："八天之内，他认为自己是犹太人、伊斯兰教徒、异教徒、野蛮人、敌基督者、基督、天使，等等。"[78]"在夜里，他一会儿是新教徒，一会儿是犹太人，有时变成伊斯兰教徒、佛教徒，等等。然后他会认为自己是一个流浪的犹太人。"[79]"他有时是犹太人、土耳其人、佛教徒、魔鬼、敌基督者，或善良的主。"[80]

尽管转瞬即逝的身份认同出现了极度混乱，但在传教士的预言性谵妄中，有一个信念始终如一：必须要拯救人类。为此，他必须加速世界末日的到来，并促成末日的启示。埃米尔·佩蒂托从未完成过这一计划，反而是他自己的世界为之倾覆。

☆

什么是谵妄（delirium）？根据一些人的说法，它是大脑区域的器官功能障碍；而在另一些人看来，它是深刻的心智变化，只会对谬论与偏见无的放矢；这也是一种片刻的背道相驰，罔顾了现实真相，取而代之的是爱恨纠缠的幻想。这种极度兴奋的状态，突破了自我和意识的边界，消弭了原始的挫败感，揭露出最深层和最隐秘的欲望；现实面前的一意孤行，整合在一种具体而微、令人不安、潜移默化式的氛围之中。五花八门的症状，不可能被清楚地界定，但带着时代滤镜的观察者，可能会在某些愚蠢观念和放纵行为中找到共同之处；即在道德秩序的表象之下，一种污名化的前提掩盖了构成社会及相关机构的罪恶，从而合法化了对边缘及反叛者的排斥与限制；抑或是用某种思维模式美化着无法忍受的痛苦，这种思维模式不断地应对着因缺乏创造力的作品而造成的困局，由此在此类作品中共享了一种自圆其说的世界，见证着一种未被承认的敏锐和智慧。

埃米尔·佩蒂托自甘流放，他将心血付诸北极圈内，以痴心来对抗妄想，由此减轻和维系着他的剧烈痛苦。他通过发展一种幻想理论来抵御受迫害躁狂症，这种理论使他陷入一种新的谵妄形式，其中充满了精神分裂、弥赛亚和精神狂热。埃米尔·佩蒂托欲壑难填，促使他无法自拔地追逐德内年轻人，首先是美丽的亚森特，这与他的单身誓言发生了直接冲突，这是他难以忍受的荒谬状态。他选择成为一个无拘无束的伟大游猎者的道路，去寻找与他成长的环境尽可能异同的荒野部落。他试图逃避教会的等级制度、布道团的定居规则，以及仍浸淫其中的道德秩序，这使他厌恶自己的性取向并多次逃入荒野。他受到迫害，他也迫害自己；他不得不承认、忏悔、谴责自己的行为和思想，承诺维护自己作为白人、定居者、单身汉的地位，并懊悔地坚守在他被分配的地方。但他没有成功：他越是憎恨自己，就越是看到自己成为他者，就越屈服于游猎生活，以及被好望堡附近森林的土著情人吸引。

很难确定受迫害躁狂症的伊始日期，以及无稽之谈也成为暗杀计划的时刻。一旦这种模式占据了上风，传教士就再也无法摆脱；这种模式置换了他的精神支柱，四处散播着危险，并在其内心世界布满了暗中之敌，从而使他越来越孤僻。埃米尔·佩蒂托的迫害妄想症应被理解为对神父的单身誓言，对革命后天主教僵化道德的持续反抗，但这并没有让他变得更具魅力；他的疯狂是可悲而无意义的。如果说埃米尔·佩蒂托引起了我的注意，那也是因为他的妄想不断加深，使得它远不止是对受迫害躁狂症的简单列举，而是获得了一种非凡的、耐人寻味的创造力。

为了遏制这种迫害，让指控他的人相信他的清白和善意，通过追求一个自认为只有他才能实现的目标，且这种目标带有毋庸置疑的战略效益，埃米尔·佩蒂托全身心投入心爱的学术研究之中。他对遇到的土著风俗既爱又恨，他热忱地编织着一种混合体，包括个人观察、民族志气质，以及冒险、自学而成的神学推测。尽管这些并不完美，但坦率地说，其结果是产生了新版的美洲原住民犹太起源理论，这一理论曾经被认真对待，并被广泛讨论。但在十九世纪，它成为了预言家和精神病人的专属领域。

如果说埃米尔·佩蒂托所谓的迫害是在自讨苦吃，那么他自己还选择了救赎的手段和方法。他没有像土著先知或路易斯·瑞尔那样反抗社会和宗教秩序，也没有加入温驯、傲慢和专制的天主教同事群体。相反，他致力于创作一部鸿篇巨著，将德内人丰富独特的知识体系永存于西方图书馆的寂寥之中，希望向一个倦怠的世纪揭示北极犹太人的存在。

根据当时的学术标准，这无非是在痴人说梦，因此他深陷于所谓文学疯子的泥潭之中。然而，这是一种积极的、创造性的妄想，由他对他者的爱与渴望——以一种"无论是以色列人还是土著人，或者既是以色列人又是土著人"的方式——而不是由恐惧和怀疑维持着。

然而，弥补措施同样有害。因为北极犹太人（最后一个散居在外的希伯来部落）的皈依向传教士发出信号——存在一个世界末日即将来临的神谕。因此，在发病期间（通常发生在冬季的黑暗和寒冷之中），埃米尔·佩蒂托笔耕不辍，逐渐将自己和他的欲望对象相提并论：他没有改变那些犹太印第安人，而是将自己皈依成了印第安犹太人。在他最后的精神分裂性谵妄中，暴力不再暗流涌动。他将暴力付诸自己，当他在雪地里撕下衣服以废除神父的身份时，当他像北极犹太人一样自残或要求割礼时，当他要求为自己和人类的救赎而牺牲时，他将自己视为了末世的弥赛亚。他对其他人大动肝火，尤其是对传教士中的另一个自我——沉闷而朴实的让·塞甘，佩蒂托认为他是末日启示的野兽、最终的敌人，将其打败就能开启一个新的千年统治，一个没有苦难或谵妄的世界，这就是埃米尔·佩蒂托最渴望的东西。

世界末日发生了，但是以精神病院拘禁的形式进行。埃米尔·佩蒂托现在是一个颓败的先知，他不能再看到德内人，也无法再幻想自己是一个在苔原上游荡的犹太人。他的内心已自我流放；在受到迫害，陷入沉默与孤独后，他珍惜自己最后的表达方式，写下了最为疯狂和雄心勃勃的书籍，他认为这是他这个时代最重要的作品。其中，他最后一次将回忆录里列出的所有关联，以及《圣经》等作品的全部证据，和业余学术所感知的类同编织在一起，从而汇编了《北极丹尼特人宇宙观中的神话索引》，他本来想简单地称他们为北极犹太人。

☆

埃米尔·佩蒂托的墓碑位于马瑞尔–莱莫，一块带有生锈螺栓的铁牌提醒我们，这位上布里（Haute-Brie）教区的神父也是一位"北极传教士和探险家"。当我读到这些文字时，我想我为何要来到这个狭小的墓地？同时，我为什么要写这本书？早期，我对他出版的双语原住民神话集印象深刻，我感觉发现了一个前辈，甚至是一个先驱，这让我出乎意料。我不想写人生的传记故事，但通过追溯谵妄的脉络，我发现能感受到反精神病学（anti-psychiatry）的原初魅力，这是一种脱离桎梏的方法，坚定地表达着那些由单方面的表述，且需要被聆听的疯狂言语和行为。这就是为什么有必要使用大量的引文——而不是将其视为一组症状，按照层级关系编写一个所谓客观的概要。在写完《死亡之信》后，这种对知识狂热化的初步涉猎，再次使我能够质疑科学知识及其授权机构的历史、认识论和精神病学的局限性。[81] 然而，我不是为了站在这座坟墓前沉思，我只为估量这场灾难的广度。

正是在一个只有五百人的村庄，埃米尔·佩蒂托的梦想和幻觉纷纷搁浅。1883 年春天，他从蒙特利尔附近的精神病院获释，被遣送回法国。他试图在首都靠写作谋生，掩饰他对神职人员，特别是主教的厌恶和恐惧。一败涂地之后，他变得心灰意冷，甘愿在孤独中度过生命的最后三十载。他远离德内人和家人，如一只无情的老北极熊在每早七点诵读弥撒，于黄昏时分写下他的回忆录，多年来怀揣着对"他的野蛮人"的怀旧情绪。[82] 他在极北地区漂泊了二十年，充满了激情之欲和奇幻想法，与他最后三十年的顽固不化且很快陷入沉默和无能——之间的对比，形成了北极雪地幻觉式的丰产和布里区（Briard）[1] 乡下封闭狭隘的差距。埃米尔·佩蒂一辈子都在愤世嫉俗，他在马瑞尔教堂的祭坛后，于圣塞巴斯蒂安（Saint Sebastian）[2] 塑像的沮丧和怜悯凝视下，在逐渐消散的疯狂中自我消耗。圣塞巴斯蒂安的臀部不安地翘着，裸露的身躯被乱箭射穿——这无疑是放逐的爱人、幻想的殉道和他悲剧性疯狂中，最后的凄惨回响。

---

[1] 位于法国中北部的布里区，应是埃米尔·佩蒂托晚年的居住地。

[2] 基督教殉道圣人，相传被罗马皇帝戴克里先（Diocletian）迫害基督教徒期间杀害。在艺术和文学作品中，他常被描绘成双臂捆绑于树桩，乱箭穿身的形象。

# 注　释

1　玛拿西·本·以色列，《以色列的希望》，亨利·梅库兰（Henry Méchoulan）和杰拉尔·纳洪（Gérard Nahon）编辑和翻译。摩西·沃尔（牛津：牛津大学出版社，[1650]1987），第109页。

2　玛拿西·本·以色列，《以色列的希望》，亨利·梅库兰和杰拉尔·纳洪编辑和翻译。摩西·沃尔（牛津：牛津大学出版社，[1650]1987），第113页。

3　玛拿西·本·以色列，《以色列的希望》，亨利·梅库兰和杰拉尔·纳洪编辑和翻译。摩西·沃尔（牛津：牛津大学出版社，[1650]1987），第121、176—177页。

4　玛拿西·本·以色列，《以色列的希望》，亨利·梅库兰和杰拉尔·纳洪编辑和翻译。摩西·沃尔（牛津：牛津大学出版社，[1650]1987），第160、164、172—173页。

5　亨利·梅库兰和杰拉尔·纳洪，"导言"，玛拿西·本·以色列，《以色列的希望》，第46—47页。

6　亨利·梅库兰和杰拉尔·纳洪，"导言"，玛拿西·本·以色列，《以色列的希望》，第44、48—49页。

7　亨利·梅库兰和杰拉尔·纳洪，"导言"，玛拿西·本·以色列，《以色列的希望》，第56—57、64、90页。

8　理查德 H. 波普金，"犹太印第安人理论的兴衰"，见《玛拿西·本·以色列和他的世界》。约瑟夫·卡普兰（Yosef Kaplan）、亨利·梅舒兰（Henry Méchoulan）和理查德 H. 波普金，（莱顿：Brill 出版社，1989年），第63—82页；另见理查德 H. 波普金，"犹太人的弥赛亚主义和基督教的千禧年主义"，见《从清教主义到启蒙运动的文化和政治》。佩雷斯·扎戈林（Perez Zagorin）（伯克利：加州大学出版社，1980年），第67—90页。关于以色列失落的部族，请参阅艾伦 H. 戈德贝（Allen H. Godbey），《失落的部族——一个神话：对重写希伯来历史的建议》（北卡罗来纳州达勒姆：杜克大学出版社，1930年）。关于"犹太印第安人的理论"，参见罗伯特·沃乔普（Robert Wauchope），《失落的部族和沉没的大陆：美洲印第安人研究中的神话和方法》（芝加哥：芝加哥大学出版社，1962年；李·埃尔德里奇·赫德尔斯顿（Lee Eldridge

Huddleston），《美洲印第安人的起源：欧洲概念，1492—1729 年》（奥斯汀：德克萨斯斯出版社，1967 年）。

9　埃米尔·佩蒂托，"蒙塔涅民族研究"，第 516—520 页；米格纳（Abbot）修道院院长的出版物，见 R. 霍华德·布洛赫，《上帝的剽窃者》（巴黎：Seuil 出版社，1996 年）。

10　佩蒂托致雷伊的信，天意布道团（马更些河的激流），1869 年 8 月 18 日，《无玷圣母献主会的传教活动》第 35 卷（1870 年）：第 294 页。在《传统》（1886 年）中，第 17 页，埃米尔·佩蒂托在谈到亚伯拉罕的血缘在德内人中的存续时这样说："以色列的血，让陷入困境的人、落魄的人、信仰沦丧之人如有神助；根据忠于雅各布、大卫和耶和华的话，一粒种子被扔进沙漠，独自开花结果，自然收获：Si ad cardines coeli（the Foot of the Sky，the poles）dissipatus fueris，inde te retraham，dicit Dominus exercituum（《申命记》28：61）。"请注意，这实际上是来自《申命记》30：4。

11　埃米尔·佩蒂托，《十五年》，第 149 页。

12　关于德内人中的弥赛亚式运动，见约翰·韦伯斯特·格兰特（John Webster Grant），"西北地区的传教士和弥赛亚"，《宗教研究》第 9 卷，第 2 期（1980 年）：第 125—136 页；克里·亚伯（John Webster），"先知、祭司和传教士：甸 19 世纪德内人的萨满与基督教的布道团"，《历史论丛》第 21 卷，第 1 期（1986 年）：第 211—224 页；琼·赫姆（June Helm），"多格里布人（Dogrib Indians）的预言和权力"（林肯：内布拉斯加大学出版社，1994 年），第 60—64 页；玛莎·麦卡锡（Martha McCarthy），"从大河到地球的尽头：在加拿大西北部的无玷圣母献主会传教士"（埃德蒙顿：阿尔伯塔大学出版社，1995 年）。

13　多姆·伯努瓦（Dom Benoit），"塔切主教的生平"第 1 卷，（蒙特利尔：博克明书店，1904 年），第 399—402 页。

14　多姆·伯努瓦（Dom Benoit），"塔切主教的生平"第 1 卷，（蒙特利尔：博克明书店，1904 年），第 399—402 页；另见于克劳德·尚帕涅，《加拿大西北部宣教的开始：维塔尔·格兰丁主教的宣教和教会》，OMI 综合档案馆，1829—1902 年（渥太华：圣保罗大学出版社，1983 年），第 164—167 页。

15　埃米尔·佩蒂托，《在通往冰冷大海的路上》（巴黎：Letouzey & Ané 出版社，1888 年），第 268—269 页。

16　埃米尔·佩蒂托，《在通往冰冷大海的路上》(巴黎：Letouzey & Ané 出
　　版社，1888 年)，第 269 页。

17　埃米尔·佩蒂托，1864 年 5 月，"与摩西和希伯来人的故事相一致的六
　　个美洲传说"，《无玷圣母献主会的传教活动》第 24 卷（1867 年）：第
　　461—463 页；埃米尔·佩蒂托，《大湖周围》，第 225 页；佩蒂托致弗
　　洛依德的信，另见于克莱里特湖 (Klérit'ie)，来自雷堡以西 11 天路程的
　　地方，1864 年 6 月 1 日（德沙特莱档案馆）；"美洲的传教士"《信仰传
　　播年鉴》第 37 卷（1865 年）：第 383—384 页；塞甘，1872 年，5 月 27
　　日，好望圣母院，1866 年 9 月 12 日（OMI 综合档案库）；塞甘致弗洛
　　依德的信，好望圣母院，1874 年 2 月 4 日（OMI 综合档案库）。

18　埃米尔·佩蒂托，《大湖周围》，第 226 页。关于 1960 年代多格里布人
　　的先知运动，见琼·赫姆，"多格里布人的预言和权力"（林肯：内布
　　拉斯加大学出版社，1994 年），第 61—62 页。

19　费尔南·米歇尔（Fernand Michel），《在野蛮人中的 18 年：亨利·法
　　劳德先生的旅行和任务》(巴黎：Régis Ruffet 出版社，1866 年)，第 113
　　页。另见于斯科特·拉什福斯（Scott Rushforth），"猎人-采集社会中
　　信仰的合法化"，《美洲人类学家》，第 19 卷，第 3 期（1992 年），第
　　483—500 页。

20　佩蒂托给 T. R. P. Superior General 的信的摘要，《无玷圣母献主会的传教
　　活动》第 65 卷（1879 年），第 6—7 页。

21　埃米尔·佩蒂托，《大湖周围》，第 223—226 页，另见于第 118 页。

22　埃米尔·佩蒂托，《十五年》，第 208—209 页。

23　埃米尔·佩蒂托，《探险》，第 172 页。

24　埃米尔·佩蒂托，好望圣母院，1869 年 7 月 30 日，《无玷圣母献主会
　　的传教活动》第 34 卷（1870 年），第 208—209 页。

25　普罗斯珀·德斯平，《从哲学或特别是心理学的角度研究病人和健康人
　　的疯狂问题》(巴黎：F. Savy 出版社，1875 年)，第 725 页。

26　埃米尔·佩蒂托，《探险》，第 380 页。

27　埃米尔·佩蒂托，《探险》，第 425—426 页。

28　埃米尔·佩蒂托，《德内人的专著》(巴黎：Ernest Leroux 出版社，1876
　　年)，第 31—32 页。

29 普罗斯珀·德斯皮尼，《从哲学或更具体地说，从心理学的角度，研究病人和健康人的疯狂》（巴黎：F. Savy 出版社，1875 年），第 725 页。

30 让·马洛里，《图勒最后的国王》（巴黎：Plon 出版社，1955 年），第 135 页。

31 佩蒂托致弗洛依德的信，圣拉斐尔教堂，1881 年 4 月 15 日（OMI 综合档案馆）。

32 塞甘致克鲁特的信，好望堡，1871 年 1 月 24 日，引自克鲁特致法布尔的信，圣诞布道团，1871 年 5 月 14 日（德沙特莱档案馆）。

33 塞甘致弗洛依德的信，好望圣母院，1870 年 7 月 25 日（德沙特莱档案馆）。

34 塞甘致克鲁特的信，好望堡，1871 年 1 月 24 日，引自克鲁特致法布尔的信，圣诞布道团，1871 年 5 月 14 日（德沙特莱档案馆）。

35 克鲁特致弗洛依德的信，天意布道团，1873 年 11 月 14 日（德沙特莱档案馆）。

36 普罗斯珀·德斯皮尼，《从哲学或更具体地说，从心理学的角度研究病人和健康人的疯狂》（巴黎：F. Savy 出版社，1875 年），第 719—740 页。

37 佩蒂托致雷伊的信，天意布道团（马更些河的急流），1869 年 8 月 18 日，《无玷圣母献主会的传教活动》第 35 卷（1870 年），第 294 页。

38 亚历山大·麦肯齐，"1789 年和 1793 年从圣劳伦斯河上的蒙特利尔出发，穿越北美大陆，前往冰冻地带和太平洋的航行"，第一卷。（伦敦：T. Cadell & W. Davies 出版社，1802 年），第 198 页。

39 佩蒂托至雷伊的信，好望堡，1870 年 5 月 10 日，《无玷圣母献主会的传教活动》第 36 卷（1871 年），第 372—375 页。

40 埃米尔·佩蒂托，"德内人"（Déné-Dindjiés），第 25 页。

41 埃米尔·佩蒂托，《加拿大西北部的印第安人传统：原始文本和直译》（阿朗松：E. Renaut de Broise 出版社，1886 年），第 260 页。

42 "Les petits garçons naissent, alors un peu forts lorsqu'ils sont, leur visage est carminé lorsque, le tremblement contre leur verge-peau on tranchait un silex avec. Puis une alène avec leurs bras aussi, leurs joues aussi on perçait, leurs oreilles aussi, leur nez-cartilage aussi on transperçait." 埃米尔·佩蒂托，《加拿大西北部的印第安人传统：原始文本和直译》（阿朗松：E. Renaut de Broise 出版社，1886 年），第 249—250 页。

43 埃米尔·佩蒂托，《加拿大西北部的印第安人传统：原始文本和直译》（阿朗松：E. Renaut de Broise 出版社，1886 年），第 250 页。

44 埃米尔·佩蒂托，《十五年》，第 167 页。

45 埃米尔·格鲁瓦，《回忆我在阿萨巴斯卡-马更些河的六十年传教生涯》（里昂：Œuvres Apostoliques 出版社，1923 年），第 144 页；另见修道会传教士泽维尔·乔治·杜科（Xavier Georges Ducot）关于 Dené Hareskins 的叙述："野蛮人根本不知道什么是割礼"，见杜科给莱斯坦克（Lestanc）的信，好望堡，1879 年 1 月（OMI 总档案馆）。

46 塞甘致弗洛依德的信，好望圣母院，1870 年 7 月 25 日（德沙特莱档案馆）。

47 塞甘致法布尔的信，好望堡，1874 年 6 月 3 日（OMI 总档案馆）。

48 塞甘致弗洛依德的信，好望圣母院，1877 年 2 月 9 日（德沙特莱档案馆）。

49 塞甘致克鲁特的信，好望圣母院，1878 年 9 月 23 日（OMI 总档案馆）。

50 塞甘致克鲁特的信，好望圣母院，1878 年 9 月 23 日（OMI 总档案馆）。

51 塞甘致克鲁特的信，好望圣母院，1879 年 2 月 6 日（OMI 总档案馆）。

52 勒科尔（Lecorre）致弗洛依德的信，天意布道团，1878 年 12 月 3 日（德沙特莱档案馆）；另见于勒科尔致弗洛依德的信，天意布道团，1878 年 1 月 17 日（德沙特莱档案馆）；杜科给莱斯坦克的信，好望堡，1879 年 1 月 30 日（OMI 总档案馆）；克鲁特致法布尔的信，里昂，1879 年 3 月 14 日（OMI 总档案馆）。加斯康（Gascon）致塔奇的信，圣约瑟夫布道团（St. Joseph's Mission），1879 年 4 月 2 日（OMI 总档案馆）。

53 埃米尔·佩蒂托，《北极丹尼特人宇宙观中的神话索引》，第 354 页。

54 西蒙·温彻斯特（Simon Winchester），《教授与狂人》（纽约：Harper Perennial 出版社，1998 年）。

55 杜科致弗洛依德的信，好望堡，1878 年 8 月 19 日（OMI 总档案馆）；塞甘致弗洛依德的信，天意布道团，1878 年 9 月 19 日（OMI 总档案馆）；塞甘致克鲁特的信，好望堡，1878 年 9 月 23 日（OMI 总档案馆）："他对我说：'这是一个谜，我还不太明白，但在我看来，这一定像是一场精神婚姻；既然我做了对不起弱者的事，我需要弥补。'"另见于加斯康致克鲁特的信，圣约瑟夫布道团，1879 年 4 月 3 日；布尔吉娜（Bourgine）致格兰丁，圣弗朗西斯·雷吉斯布道团（St. Francis Régis Mission），无日期，1881 年（OMI 总档案馆）；弗洛依德致克鲁特的信，胜利圣母院（Our Lady of Victories Mission），1882 年 11 月 20 日（德沙特莱档案馆）；弗洛依德致克鲁特的信，胜利圣母院（Our Lady of Victories Mission），1882 年 11 月 18 日（德沙特莱档案馆）；佩蒂托致塔奇的信，长岬精神病院，1882 年 3 月 10 日（德沙特莱档案馆）；佩蒂托致瓦蒂梅斯尼尔侯爵夫人的信，长岬精神病院，1882 年 3 月 30 日（德沙特莱档案馆）；埃米尔·佩蒂托致奥古斯特·佩蒂托的信，长岬精神病院，1882 年 7 月 25 日（OMI 总档案馆）。关于这个问题，见穆里尔·纳吉（Murielle Nagy），"传教士埃米尔·佩蒂托对他者的渴望"，《爱神和禁忌：美洲原住民和因纽特人的性和性别》，弗雷德里克·劳格朗（Frédéric Laugrand）和 吉尔斯·哈瓦德（Gilles Havard）编，（魁北克：Septentrion 出版社，2014 年），第 408—430 页。

56 这也许是埃米尔·佩蒂托本人的想法，根据他从长岬精神病院离开时，从马赛寄给维塔尔·格兰丁的一封信得知。这封信中，我发现了他明确提到自己割礼的唯一一句子，并似乎将其与他后期拒绝同性恋联系了起来。值得注意的是，这是埃米尔·佩蒂托通信中罕有的不连贯的句子之一，尽管我可以保证转译的准确性，但我仍然无法精确还原它的确切含义："Vous saviez que j'étais circoncis et avais pris pour la circoncision que j'abhorrais les pratiques sodomiques que vous et quelques autres de vos collaborateurs soutenaient"［You knew that I was circumcised and was focused on circumcision that I abhorred the sodomy practices that you and some of your other collaborators supported］。佩蒂托致格兰丁的信，马赛，1884 年 1 月 12 日（OMI 总档案馆）。

57 杜科致弗洛依德的信，好望堡，1878 年 8 月 19 日（OMI 总档案馆）。

58 塞甘致弗洛依德的信，天意布道团，1878 年 9 月 19 日（OMI 总档案馆）。

59 加斯康致克鲁特的信，圣约瑟夫布道团，1879 年 4 月 3 日（OMI 总档案馆）。

60 佩蒂托致经院兄弟及其仲裁神父的信，1862 年 7 月 23 日，《无玷圣母献主会的传教活动》第 6 卷（1863 年），第 217 页。

61 埃米尔·佩蒂托，《加拿大西北部的印第安人传统：原始文本和直译》（阿朗松：E. Renaut de Broise 出版社，1886 年），第 256 页。

62 见 J. A. 夏普洛,《殿下的讲话》,关于处决路易斯·瑞尔的问题,(渥太华:麦克莱恩,罗杰,1886 年),第 36 页。亨利·霍华德,"路易斯大卫瑞尔的医学史",L'étendard 出版社（1886 年 7 月 13 日），第 1 页。

63 以下关于路易·瑞尔的事实来自吉尔斯·马尔特（Gilles Martel),《路易斯·瑞尔的弥赛亚主义》（滑铁卢：劳里埃大学出版社，1984 年），除非另有说明。

64 亚历山大·塔奇（Alexandre Taché),《西北部的局势》（La situation au Nord-Ouest)（魁北克：J. O. Filteau 出版社，1885 年），第 17 页。

65 格兰丁主教的第三封信,《真正的瑞尔》（蒙特利尔：Imprimerie générale 出版社，1887 年），第 41—42 页。

66 大卫·格雷厄姆·库珀,《疯狂的语言》（伦敦：企鹅兰登书屋，1980 年），第 23 页。

67 埃米尔·佩蒂托,《大湖周围》,第 98—100 页。

68 埃米尔·佩蒂托,《北极丹尼特人宇宙观中的神话索引》,第 456 页。

69 格兰丁主教在利亚德河（Liard River）上的日志,1861 年 8 月 26 日,《无玷圣母献主会的传教活动》第 9 卷 (1864 年),第 225 页。

70 塞甘致弗洛依德的信,好望圣母院,1874 年 2 月 5 日（德沙特莱档案馆）。

71 塞甘致弗洛依德的信,好望圣母院,1877 年 2 月 9 日（德沙特莱档案馆）。

72 塞甘致克鲁特的信,好望堡,1871 年 1 月 24 日,引自克鲁特致法布尔的信,圣诞布道团,1871 年 5 月 14 日（德沙特莱档案馆）。

73 塞甘致弗洛依德的信,好望圣母院,1870 年 7 月 25 日（德沙特莱档案馆）。

74 塞甘致克鲁特的信,好望堡,1871 年 1 月 24 日,引自克鲁特致法布尔的信,圣诞布道团,1871 年 5 月 14 日（德沙特莱档案馆）。

75 塞甘致法布尔的信,好望圣母院,1871 年 5 月 25 日（OMI 总档案馆）。

76 塞甘致法布尔的信,好望圣母院,1871 年 5 月 25 日（OMI 总档案馆）。

77 塞甘致法布尔的信,好望圣母院,1871 年 5 月 25 日（OMI 总档案馆）。

78 塞甘致弗洛依德的信,好望圣母院,1871 年 7 月 25 日（德沙特莱档案馆）。

79 塞甘致法布尔的信,好望圣母院,1871 年 5 月 25 日（OMI 总档案馆）。

80　塞甘致法布尔的信，好望圣母院，1874 年 6 月 3 日（OMI 总档案馆）。

81　皮埃尔·德里亚奇，《死去的文字：逆转人类学论文》( 巴黎：Fayard 出版社，2017 年 )。

82　关于佩蒂托的晚年生活，见穆勒（Muller），"埃米尔·佩蒂托神父"，第 18—28 页；伯特兰德（Bertrand），"埃米尔·佩蒂托：最后的回归"，第 65—71 页。

# 参考文献

## 所引著作

Abel, Kerry. "Prophets, Priests and Preachers: Dene Shamans and Christian Missions in the Nineteenth Century." *Historical Papers* 21, no. 1 (1986): 211—24.

ben Israel, Menasseh. *The Hope of Israel.* Edited by Henry Méchoulan and Gérard Nahon. Translated by Moses Wall and Richenda George. Oxford: Oxford University Press, 1987 (1650).

Benoit, Dom. *Vie de Mgr Taché.* Vol. 1. Montreal: Librairie Beauchemin, 1904.

Bertrand, Régis. "Émile Petitot (1838—1916) avant ses missions canadiennes: Origine et formation d'un missionnaire oblat." In *La mission et le sauvage: Huguenots et catholiques d'une rive atlantique* *à l'autre, xvi<sup>e</sup>-xix<sup>e</sup>*, edited by Nicole Lemaître, 289—303. Paris, Québec: CTHS, Presses de l'Université de Laval, 2008.

——. "Émile Petitot: Le retour définitif en France (1883—1886) et la cure de Mareuil-lès-Meaux (1886—1916)." *Revue d'Histoire et d'Art de la Brie et du Pays de Meaux* 26 (1975): 65—71.

——. "Quelques notes sur les origines, la famille et l'enfance d'Émile Petitot." Unpublished manuscript. Rome, Italy: Archives Générales des Oblats de Marie Immaculée.

Bloch, R. Howard. *Le plagiaire de Dieu*. Paris: Seuil, 1996.

Boltanski, Luc. *Énigmes et complots*. Paris: Gallimard, 2012.

Henry Carnoy. Review of *Accord des mythologies dans la cosmogonie des Danites arctiques*, by Émile Petitot. *La tradition* 5 (1891): 95.

Champagne, Claude. *Les débuts de la mission dans le Nord-Ouest canadien: Mission et Église chez Mgr Vital Grandin, o.m.i., 1829—1902*. Ottawa: Éditions de l'Université Saint-Paul, 1983.

Chapleau, J. A. *Discours de l'Hon. J. A. Chapleau, M. P., sur l'exécution de Louis Riel*. Ottawa: McLean, Roger, 1886.

Choquette, Robert. *The Oblate Assault on Canada's Northwest*. Ottawa:

University of Ottawa Press, 1995.

Cooper, David Graham. *The Language of Madness*. London: Penguin Random House, 1980.

De Smet, Pierre-Jean. *Notice sur le territoire et sur la mission de l'Orégon.* Brussels: Bureau de Publication de la Bibliothèque d'Éducation, 1847.

Déléage, Pierre. *Lettres mortes: Essai d'anthropologie inversée.* Paris: Fayard, 2017.

Despine, Prosper. *De la folie au point de vue philosophique ou plus spécialement psychologique étudiée chez le malade et chez l'homme en santé.* Paris: F. Savy, 1875.

Dick, Lyle. "Pibloktoq (Arctic Hysteria): A Construction of European-Inuit Relations?" *Arctic Anthropology* 32, no. 2 (1995): 1—42.

Editor, *Revue critique d'histoire et de littérature: Recueil hebdomadaire* 31, no. 13 (March 30, 1891): n.p.

Francis, Daniel. "A Victorian Scandal: The Asylum at Longue Pointe." *The Beaver* 69, no. 3 (1989): 33—38.

Gagnon, Denis, and Lynn Drapeau. "Les échelles catholiques comme exemples de métissage religieux des ontologies chrétiennes et amérindiennes." *Studies in Religion* 44, no. 2 (2015): 178—207.

Godbey, Allen H. *The Lost Tribes, A Myth: Suggestions towards Rewriting Hebrew History.* Durham, NC: Duke University Press, 1930.

Grandin, Bishop. *Le véritable Riel.* Montreal: Imprimerie générale, 1887.

Grant, John Webster. "Missionaries and Messiahs in the Northwest." *Studies in Religion* 9, no. 2 (1980): 125—36.

Gravier, Gabriel. *L'abbé Petitot chez les grands Esquimaux.* Rouen: Espérance Cagnard, 1888.

Grouard, Émile. "Le R. P. Petitot et le R. P. Grouard au Congrès de Nancy." *Missions de la Congrégation des Missionnaires Oblats de Marie Immaculée* 51 (1875): 397—419.

———. *Souvenirs de mes Soixante ans d'Apostolat dans l'Athabaska-Mackenzie.* Lyon: Œuvres Apostoliques, 1923.

Helm, June. *Prophecy and Power among the Dogrib Indians.* Lincoln: University of Nebraska Press, 1994.

Howard, Henry. "Histoire médicale de Louis David Riel." *L'étendard* (July 13, 1886): 1.

Huddleston, Lee Eldridge. *Origins of the American Indians: European Concepts, 1492—1729*. Austin: University of Texas Press, 1967.

Leonard, David W. "Anglican and Oblate: The Quest for Souls in the Peace River Country, 1867—1900." *Western Oblate Studies* 3 (1994): 119—38.

Mackenzie, Alexander. *Voyages from Montreal, on the River St. Laurence, through the Continent of North America, to the Frozen and Pacific Oceans, in the Years 1789 and 1793*, vol. 1. London: T. Cadell & W. Davies, 1802.

Martel, Gilles. *Le messianisme de Louis Riel*. Waterloo: Wilfrid Laurier University Press, 1984.

Maud, Ralph. *A Guide to B.C. Indian Myth and Legend*. Vancouver: Talonbooks, 1982.

McCarthy, Martha. *From the Great River to the Ends of the Earth: The Missionary Oblates of Mary Immaculate in the Canadian North West*. Edmonton: University of Alberta Press, 1995.

Michel, Fernand. *Dix huit ans chez les sauvages: Voyages et missions de M. Henry Faraud*. Paris: Régis Ruffet, 1866.

Mishler, Craig. "Missionaries in Collision: Anglicans and Oblates among the Gwich'in, 1861—65." *Arctic* 43, no. 2 (1990): 121—26.

Morice, Adrien-Gabriel. *Histoire de l'Église catholique dans l'Ouest canadien, du Lac Supérieur au Pacifique (1659—1905)*, vol. 2. Winnipeg: Chez l'auteur, 1912.

Nagy, Murielle. "Le désir de l'Autre chez le missionnaire Émile Petitot." In *Éros et tabou: Sexualité et genre chez les Amérindiens et les Inuit*, edited by Frédéric Laugrand and Gilles Havard, 408—30. Quebec: Septentrion, 2014.

Paradis, André. "L'asile de 1845 à 1920." In *L'institution médicale*, edited by Normand Séguin, 50—57. Quebec: Presses de l'Université de Laval, 1998.

Petitot, Émile. *Accord des mythologies dans la cosmogonie des Danites arctiques*. Paris: E. Bouillon, 1890.

———. *Autour du Grand lac des Esclaves*. Paris: A. Savine, 1891. (English edition: *Travels around Great Slave and Great Bear Lakes, 1862—1882*. Translated by Paul Laverdure. Toronto: Champlain Society, 2005.)

———. *En route pour la mer glaciale*. Paris: Letouzey & Ané, 1888.

———. "Étude sur la nation montagnaise." *Missions de la Congrégation des Missionnaires Oblats de Marie Immaculée* 24 (1867): 483—547.

———. *Exploration de la région du Grand lac des Ours.* Paris: Téqui, 1893. (English edition: *Travels around Great Slave and Great Bear Lakes, 1862—1882.* Translated by Paul Laverdure. Toronto: Champlain Society, 2005.)

———. "Les Déné-Dindjiés." *Compte-rendu du Congrès international des Américanistes,* vol. 2, 26—37. Nancy: Gustave Crépin-Leblond, 1875.

———. "Les Esquimaux," *Compte rendu du Congrès international des Américanistes,* vol. 1, 329—39. Nancy: Gustave Crépin-Leblond, 1875.

———. *Les grands Esquimaux.* Paris: Plon, 1887. (English edition: *Among the Chiglit Eskimos.* 2nd ed. Translated by E. O. Hahn. Edmonton: University of Alberta Press, Boreal Institute, 1999.)

———. *Origine et migrations des peuples de la Gaule jusqu'à l'avènement des Francs.* Paris: J. Maisonneuve, 1894.

———. *Quinze ans sous le cercle polaire: Mackenzie, Anderson, Youkon.* Paris:

E. Dentu, 1889.

———. "Six légendes américaines identifiées à l'histoire de Moïse et du

peuple hébreu." *Missions de la Congrégation des Missionnaires Oblats de*

*Marie Immaculée* 60, supplement (1877): 585—751.

———. "Souvenirs de Provence." Unpublished manuscript. Richelieu,

Canada: Archives Deschâtelets-Notre-Dame-du-Cap, 1856.

———. "Sur l'habitat et les fluctuations de la population peau rouge,

en Canada." *Bulletin et mémoires de la Société d'anthropologie de Paris* 7

(1884): 221—23 (discussion).

———. *Traditions indiennes du Canada Nord-Ouest: Textes originaux et*

*traductions littérales.* Alençon: E. Renaut de Broise, 1887. (English

edition: *The Book of Dene: Containing the Traditions and Beliefs of*

*Chipewyan, Dogrib, Slavey, and Loucheux Peoples.* Yellowknife, NWT:

Department of Education, Government of the Northwest

Territories, 1976.)

———. *Traditions indiennes du Canada Nord-Ouest.* Paris: Maisonneuve,

1886. (English edition: *Indian Legends of North-Western Canada.*

Translated by Thelma Habgood. Special Issue: *Athapascan Studies:*

*Western Canadian Journal of Anthropology* 2, no. 2 (1970): 94—129.

Philippe, Victor. "Le Père Émile Petitot et les Esquimaux." Unpublished manuscript attached to letter to Gaston Carrière, Fort Smith (August 20). Richelieu, Canada: Archives Deschâtelets-Notre-Dame-du-Cap, 1983.

Popkin, Richard H. "Jewish Messianism and Christian Millenarianism." In *Culture and Politics from Puritanism to the Enlightenment*, edited by Perez Zagorin, 63—82. Berkeley: University of California Press, 1980.

———. "The Rise and Fall of the Jewish Indian Theory." In *Menasseh ben Israel and his world*, edited by Yosef Kaplan, Henry Méchoulan, and Richard H. Popkin, 63—82. Leiden: Brill, 1989.

Réville, Albert. Review of *Accord des mythologies dans la cosmogonie des Danites arctiques*, by Émile Petitot. *Revue de l'histoire des religions* 22 (1890): 223—24.

Rushforth, Scott. "The Legitimation of Beliefs in a Hunter-Gatherer Society." *American Ethnologist* 19, no. 3 (1992): 483—500.

Saindon, Émile. *En missionnant: Essai sur les missions des Pères Oblats de*

*Marie Immaculée à la Baie James.* Ottawa: Imprimerie du Droit, 1928.

Simons Ronald C., and Charles C. Hughes. *The Culture-Bound Syndromes: Folk Illnesses of Psychiatric and Anthropological Interest.* Dordrecht: D. Rediel, 1985.

Taché, Alexandre. *La situation au Nord-Ouest.* Quebec: J. O. Filteau, 1885.

Taché, Joseph-Charles. *Les asiles d'aliénés de la province de Québec et leurs détracteurs.* Quebec: Hull, 1885.

Tuke, Daniel Hack. *The Insane in the United States and Canada.* London: H. K. Lewis, 1893.

Wauchope, Robert. *Lost Tribes and Sunken Continents: Myth and Method in the Study of American Indians.* Chicago: University of Chicago Press, 1962.

Winchester, Simon. *The Professor and the Madman.* New York: Harper Perennial, 1998.

## 通　信

　　本研究参考的大部分信件都是未公开的，收藏于下面

列出的档案馆中。这些档案馆保存着在传教士期刊上刊登的
信件。

Archives Deschâtelets-Notre-Dame-du-Cap (Archives Deschâtelets).
Richelieu, Canada.

Editor. "Missions d'Amérique." *Annales de la propagation de la foi* 37
(1865): 366—405.

Editors. "Missions du Mackenzie." *Missions de la Congrégation des
Missionnaires Oblats de Marie Immaculée* 35 (1870): 270.

General Archives of the Oblates of Mary Immaculate (OMI General
Archives). Rome.

Journal of Bishop Grandin, on the Liard River, August 26, 1861.
*Missions de la Congrégation des Missionnaires Oblats de Marie Immaculée* 9
(1864): 208—43.

Letter from Hyacinthe Dzanyou, Peau-de-Lièvre des Montagnes
Rocheuses, to Petitot, dated February 1874, received in Montreal the
following July 24. *Les missions catholiques* 220 (1874): 635. "Athabaska-
Mackenzie," *Les missions catholiques* 329 (1875): 463—65.

Letter from Petitot to Fabre, Fort Good Hope, September 15, 1869.

*Missions de la Congrégation des Missionnaires Oblats de Marie Immaculée* 35 (1870): 294—310.

Letter from Petitot to Rey, Fort Good Hope, 10 May 1870. *Missions de la Congrégation des Missionnaires Oblats de Marie Immaculée* 36 (1871): 372—75.

Letter from Petitot to Rey, Providence (Mackenzie River rapids), August 18, 1869. *Missions de la Congrégation des Missionnaires Oblats de Marie Immaculée* 35 (1870): 288—94.

Letter from Petitot to the Scholastic brothers and their moderator priest, July 23, 1862. *Missions de la Congrégation des Missionnaires Oblats de Marie Immaculée* 6 (1863): 213—21.

Letter from Petitot, Fort Good Hope, February 29, 1868. *Missions de la Congrégation des Missionnaires Oblats de Marie Immaculée* 31 (1869): 294—310.

Letter from Petitot, Fort Good Hope, July 30, 1869. *Missions de la Congrégation des Missionnaires Oblats de Marie Immaculée* 34 (1870): 186—209.

Letter from Petitot, May 1864. *Missions de la Congrégation des Missionnaires*

*Oblats de Marie Immaculée* 24 (1867): 449—83.

Letter from Petitot, September 1863. *Missions de la Congrégation des Missionnaires Oblats de Marie Immaculée* 23 (1867): 364—89.

Letter from R. P. Petitot to T. R. P. Superior General. *Missions de la Congrégation des Missionnaires Oblats de Marie Immaculée* 65 (1879): 5—18.

## 关于埃米尔·佩蒂托的传记作品

Ballo Alagna, Simonetta. *Émile Petitot: Un capitolo di storia delle esplorazioni Canadesi.* Genoa: Libreria Editrice Mario Bozzi, 1983.

Bertrand, Régis. "Émile Petitot (1838—1916) avant ses missions canadiennes: Origine et formation d'un missionnaire oblat." In *La mission et le sauvage: Huguenots et catholiques d'une rive atlantique à l'autre, xvi^e^-xix^e^*, edited by Nicole Lemaître, 289—303. Paris, Québec: CTHS, Presses de l'Université de Laval, 2009.

———. "Émile Petitot: Le retour définitif en France (1883—1886) et la cure de Mareuil-lès-Meaux (1886—1916)." *Revue d'Histoire et d'Art de la Brie et du Pays de Meaux* 26 (1975): 65—71.

Cadrin, Gilles. "Émile Petitot, missionnaire dans le Grand Nord canadien: Évangélisateur ou apôtre de la science?" *Mémoires de l'Académie des Sciences, Arts et Belles-lettres de Dijon* 134 (1995): 201—21.

Cerruti, Pietro. "Un problema insoluto della vita del missionario Émile Petitot," *Il Polo* 31, no. 1 (1975): 1—7.

Choquette, Robert. *The Oblate Assault on Canada's Northwest,* 59—66. Ottawa: University of Ottawa Press, 1995.

Déléage, Pierre. "La querelle de 1875." *Recherches amérindiennes au Québec* 45, no. 1 (2015): 39—50.

Haley, Susan. *Petitot: A Novel.* Kentville, NS, Canada: Gatineau Press, 2013.

Laverdure, Paul, Jacqueline R. Moir, and John S. Moir. "Introduction." In *Émile Petitot, Travels around Great Slave and Great Bear Lakes, 1862—1882,* ix—xxxiii. Toronto: Champlain Society, 2005.

Molin, Jean-Baptiste. "Petitot, 'Explorer' and Anthropologist in France," *Bulletin de la Société d'histoire et d'art du Diocèse de Meaux* 24 (1974): 9—17.

Muller, Lambert. "L'abbé Émile Petitot, curé de Mareuil-lès-Meaux." *Bulletin de la Société d'histoire et d'art du Diocèse de Meaux* 24 (1974):

18—28.

Nagy, Murielle. "Devil with the Face of an Angel: Physical and Moral Descriptions of Aboriginal People by Missionary Émile Petitot." In *Indigenous Bodies: Reviewing, Relocating, Reclaiming*, edited by Jacqueline Fear-Segal and Rebecca Tillett, 85—98. Albany: State University of New York Press, 2013.

——. "Le désir de l'Autre chez le missionnaire Émile Petitot." In *Éros et tabou: Sexualité et genre chez les Amérindiens et les Inuit*, edited by Frédéric Laugrand and Gilles Havard, 408—30. Quebec: Septentrion, 2014.

Savoie, Donat. *Les Amérindiens du Nord-Ouest canadien au 19ᵉ siècle selon Émile Petitot.* 2 vols. Ottawa: Bureau des recherches scientifiques sur le Nord, 1970.

**图书在版编目(CIP)数据**

北极的疯狂:人类学的一个幻想/(法)皮埃尔·
德里亚奇著;高松译. —上海:上海人民出版社,
2023
ISBN 978 - 7 - 208 - 18212 - 7

Ⅰ.①北… Ⅱ.①皮… ②高… Ⅲ.①人类学-研究
Ⅳ.①Q98

中国国家版本馆 CIP 数据核字(2023)第 050785 号

**责任编辑** 赵　伟
**封面设计** 曹琰琪


**北极的疯狂**
——人类学的一个幻想
[法]皮埃尔·德里亚奇 著
高　松译　刘　琪校

| 出　　版 | 上海 人 & 出 版 社 |
|---|---|
| | (201101　上海市闵行区号景路 159 弄 C 座) |
| 发　　行 | 上海人民出版社发行中心 |
| 印　　刷 | 上海盛通时代印刷有限公司 |
| 开　　本 | 850×1168　1/32 |
| 印　　张 | 6.5 |
| 插　　页 | 5 |
| 字　　数 | 94,000 |
| 版　　次 | 2023 年 5 月第 1 版 |
| 印　　次 | 2023 年 5 月第 1 次印刷 |

ISBN 978 - 7 - 208 - 18212 - 7/B · 1681
| 定　　价 | 42.00 元 |